让你年轻十岁的

轻食蔬果汁

田维娜 编

中国纺织出版社

图书在版编目（CIP）数据

让你年轻十岁的轻食蔬果汁／田维娜编 . —北京：
中国纺织出版社，2017.4 （2024.4 重印）
　ISBN 978-7-5180-3142-9

Ⅰ.①让… Ⅱ.①田… Ⅲ.①蔬菜 – 饮料 – 制作②果
汁饮料 – 制作 Ⅳ① TS275.5

中国版本图书馆 CIP 数据核字（2016）第 294963 号

责任编辑：韩婧　　责任印制：王艳丽

中国纺织出版社出版发行
地址：北京市朝阳区百子湾东里 A407 号楼　邮政编码：100124
销售电话：010 – 67004422　传真：010 – 87155801
http : //www.c–textilep.com
E–mail: faxing@c–textilep.Com
中国纺织出版社天猫旗舰店
官方微博 http://weibo.com/2119887771
北京兰星球彩色印刷有限公司　　各地新华书店经销
2017 年 4 月第 1 版　2024年4月第2次印刷
开本 :710×1000 1／16 印张 :12
字数 :158 千字　定价 : 58.00元

目录

目录

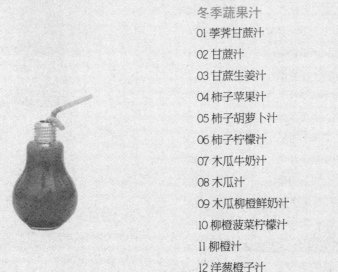

PART 05
健康调理
蔬果汁

目录

前言

不想喝平淡无味的白开水?

孩子迷恋上了碳酸饮料?

孩子挑食不吃蔬菜水果?

想要减肥不知道从何开始?

爸妈年纪大了牙不好啃不了水果?

想要远离亚健康?

入手一台榨汁机吧，走进厨房，翻开这本书，一切皆能如愿。

蔬果汁饮料是由优质的新鲜水果和蔬菜经挑选、洗净、榨汁或浸提等方法制得的汁液。我们习惯上把蔬菜汁和果汁这两大类饮料产品合称为蔬果汁。

与其他食品相比，蔬果汁饮料特有的营养和健康方面的意义表现在以下三个方面：

◎蔬果汁内一些重要的营养物质的含量相当高。

◎蔬果汁含有一些其他食品比较缺乏甚至非常缺乏的对人体组织有利的化学成分。

◎一些其他的食品所含的不利于人体健康的化学成分，在蔬果汁中的含量相当少，甚至不含这些成分。

PART 01

蔬果汁，畅饮健康生活

◎ 维生素缺乏，你的身体在说话

最近皮肤经常过敏长包？脸上突然出现斑点，脸色灰暗？牙龈出血？经常感冒？头发变得越来越毛燥，嘴里动不动就口腔溃疡？如果出现这些症状（详见下表一），那就是你的身体在向你喊话：喂，你需要注意补充维生素了！

表一：维生素缺乏症状表

常见症状	原因
食欲不佳、皮肤斑点、毛发干燥、疲劳、夜盲症、干眼病、皮肤干裂和粗糙、易感染	缺乏维生素 A
食欲不佳、疲劳、脾气暴躁、神经质、手足麻木、痛觉和听觉过于敏锐、心脏四周疼痛、呼吸短促	缺乏维生素 B_1
嘴角开裂和溃疡、头晕、舌头溃疡、畏光、视物模糊、易流泪、红斑	缺乏维生素 B_2
粉刺、贫血、口炎、唇干裂、舌炎、神经质、焦躁、抑郁	缺乏维生素 B_6
体虚、神经质、贫血、神经抑郁或不安、麻木、记忆力下降	缺乏维生素 B_{12}
肌肉痉挛、小腿抽筋、惊厥	缺乏维生素 D
牙龈出血、牙龈肿胀、毛细血管破裂、易青肿、抗感染能力低下（易感冒）、鼻子出血、消化不良、嗜睡、身体不适、焦躁	缺乏维生素 C
视力下降、贫血、肌无力	缺乏维生素 E

◎ 如何补充你需要的维生素

快速的生活节奏以及不健康的饮食方式会让人体缺乏维生素，导致身体亚健康，那么，如何补充呢？很多人喜欢去药店购买大量维生素药丸服用，临床上医生也会用其来治疗缺乏维生素的各种病症。所谓"是药三分毒"，过量服用维生素会引起不良反应，并有可能产生潜在的毒性。最安全有效的方法是通过食物来进行补充，喝蔬果汁则是更经济实惠、方便快捷的一种方式。

表二：人体所需维生素的作用及主要食物来源

名称	主要食物来源	作用
维生素 A	胡萝卜、绿叶蔬菜、蛋黄及动物的肝脏	具有抗氧化、防衰老和保护心脑血管的作用，维持正常视力，维持黏膜正常功能，调节皮肤状态
维生素 B₁	谷物、粗粮、杂粮、坚果、牛奶、豆类以及瘦肉和动物内脏	参与神经传导、能量代谢，提高机体活力，保证心脏正常活动
维生素 B₂	动物肝脏、瘦肉、蛋类、大豆、绿色蔬菜	参与体内许多代谢和能量生产过程，对维护皮肤黏膜、肌肉和神经系统的功能有重要作用，维持眼睛视力
维生素 B₃（烟酸）	绿叶蔬菜、肾、肝、蛋、鱼	保持皮肤健康及促进血液循环，有助神经系统正常工作
维生素 B₅（泛酸）	糙米、肝、蛋、肉、蘑菇、蔬菜、水果	增强免疫力，参与糖类、脂肪及蛋白质在体内的代谢
维生素 B₆	鸡肉、鱼肉、果仁、豆类、绿叶蔬菜、香蕉	维持免疫功能，防止器官衰老；保持身体及精神系统正常工作，维持体内钠、钾成分平衡
维生素 B₉（叶酸）	肝脏、肾脏、蛋、梨、蚕豆、芹菜、花椰菜、莴苣、柑橘、香蕉、坚果	促进神经细胞发育，防止新生婴儿患先天性神经管陷疾病
维生素 B₁₂	肝、肉、蛋、鱼、奶	防贫血，提高血液携氧能力，增强记忆力，制造红血球，防止神经遭到破坏
维生素 D	鱼肝油、含油脂的鱼类如三文鱼、沙丁鱼等，以及全脂牛奶、人造奶油、蛋	协助钙离子运输，有助小孩牙齿及骨骼发育；补充成人骨骼所需钙质，防止骨质疏松
维生素 C	新鲜蔬菜如韭菜、菠菜、辣椒、蕃茄、马铃薯等，新鲜水果（特别是橙类）红枣等	促进伤口愈合、抗疲劳；对抗游离基、有助防癌；降低胆固醇，加强身体免疫力，防止坏血病
维生素 E	食用油如麦胚油、玉米油、花生油、芝麻油、豆类、粗粮、深绿色蔬菜、牛奶、蛋、肝、	抗氧化作用，延缓衰老；保护心脑血管
维生素 K	椰菜花、椰菜、西蓝花、蛋黄、肝、稞麦	止血、维持正常的凝血功能
维生素 F	植物油（由亚麻、葵花籽、大豆、花生等榨取的油）以及花生、核桃等坚果类食品	预防血液中胆固醇的沉积，有利于生长发育
维生素 H	牛奶、牛肝、蛋黄、动物肾脏、水果、	合成维生素C的必要物质，是脂肪和蛋白质正常代谢不可或缺的物质
维生素 L	牛肝、酵母、野菜	促进乳汁的分泌
维生素 P	橙、柠檬、杏、樱桃、玫瑰果实以及荞麦粉	防止维生素C被氧化而受到破坏，增强维生素功效；增加毛细血管壁强度，防止瘀伤；有助于牙龈出血的预防和治疗

◎ 蔬果汁能给你带来这些改变

　　人体所需求的维生素、矿物质等营养成分主要都从餐桌饮食中得来。一般来说，每天食用 500 克以上的蔬菜水果，才能满足身体对各种维生素及矿物质等营养成分的最基本的需求。实际上有很多人无法做到，从而导致某些营养成分的缺失。因此饮用鲜榨蔬果汁是一种很好的补充营养素的方式。如今鲜榨蔬果汁因制作简单、味道甜美、凉爽解暑而受到越来越多人的宠爱。那么蔬果汁究竟能给你带来什么改变呢？

1. 解毒排毒、防病去病

　　水果蔬菜是抗氧化剂的最好来源，维生素 C、胡萝卜素、维生素 E 等抗氧化剂，不仅能够对抗自由基，还能防病去病。例如：圆白菜汁所含的硒，除有助于增强人体内白细胞的杀菌力之外，还可抵抗重金属对人体的伤害。

2. 延缓衰老，增强活力

　　蔬菜和水果中含有很多植物营养素。植物营养素具有非常强的抗氧化功能，能够提高人体的抗病毒能力和抗癌能力，有效对抗衰老，还能缓解压力，增强活力。

3. 促进消化，增进食欲

　　芹菜汁味道清香，可以增加人的食欲。番茄含有大量柠檬酸和苹果酸，对整个机体的新陈代谢过程大有裨益，可促进胃液生成，加强对油腻食物的消化。

4. 帮助排便、预防便秘

　　蔬果汁含有丰富的膳食纤维，可以帮助消除体内毒素，达到预防肠胃疾病的目的，几乎所有的蔬菜果汁皆有帮助排便的功能，习惯性便秘的人可用蔬果汁进行调理。

5. 补充营养、增强体质

　　很多果蔬含有干扰素诱生剂，特别是十字花科的萝卜属、伞形花科的胡萝卜属和葫芦科瓜类都有助于刺激人体细胞产生干扰素，从而增强人体的免疫能力。

6. 提高抵抗力，促进发育

胡萝卜汁能提高人体抵抗力。有研究成果表明，哺乳期的母亲每天多喝些胡萝卜汁，分泌出的奶汁质量要比不喝的母亲高得多。圆白菜汁中的维生素 A，可以促进幼儿发育成长。

7. 利尿强心，辅助降压降脂

芹菜汁可利尿，也可作为轻泻剂并能辅助降压。圆白菜汁对于促进造血机能的恢复、抗血管硬化、阻止糖类转变成脂肪、防止血清胆固醇沉积等具有良好的功效。黄瓜汁具有利尿功效，其所含的膳食纤维能调节血压。番茄中的维生素 P 有保护血管的作用。

8. 美发美甲、健美减肥

许多蔬果汁，例如黄瓜汁含脂肪和糖较少，是比较理想的减肥佳品。黄瓜汁中的一些营养成分能预防头发脱落和指甲劈裂。

9. 美白肌肤、减少皱纹

具有美容作用的鲜榨蔬果汁种类也很多，例如：想减退黑斑、雀斑，可将香菜、荷兰芹、草莓一起榨成汁，黄瓜单独榨汁，再将二者装入杯中后挤入柠檬饮用。使皮肤更富有光泽，可将蕃茄、香菜、柠檬、凤梨榨汁，黄瓜单独榨汁后二者混合调匀即可饮用。

◎ 轻断食为何风靡欧美

什么是轻断食：

轻断食是近年来在明星中流传的一种较为有效的减肥方式，是指在连续的一段日子内缓慢减少或避免摄入高热量食物，每天只需食用一些新鲜蔬果等低能量的食物，以此控制体重或达到瘦身的效果。

轻断食减肥方法因为效果确实惊人，所以深得广大女性尤其是明星们厚爱。

轻断食的作用：

❶改善肤色：轻断食可以降低体内 IGF-1（类胰岛素一号生长因子）含量，让身体细胞从活跃模式转入修复模式，减缓人体新细胞产生速度，转向修复现有细胞，身体得到从内而外修复，呈现出靓丽肤色。

❷减压解乏：轻断食使身体从内而外修复，缩小的胃和食量让身体无需再承载大量食物的消化负担，轻盈的身体也会带来更好的睡眠，让整个人都变得青春、自信、有活力。

❸ 收腹瘦腰：轻断食期间，每天只摄入（2508~3344 焦卡路里）的蔬果汁，在为身体提供必须营养和能量的同时，严格控制热量，消耗掉身体多余的糖分和脂肪，以健康的方式控制体重，获得好身材。

❹ 轻体排毒：连续几天食用的蔬果汁，包含大量的膳食纤维和果肉纤维，让你的肠胃得以清洗，排除残余的毒素，改善排便，收紧小腹，身体变得轻盈。

◎ 蔬果汁轻体排毒搭配套餐

轻断食的轻体排毒效果已经得到了广泛应用和认证。那怎样才能达到轻断食的效果，轻断食究竟该怎么做？

轻断食周期

蔬果汁轻断食排毒最短时间为 1 天，一般是 3~7 日，最长可以坚持 10~14 日，但不建议超过 14 日，需要根据自己的身体情况进行选择。

一天轻断食（入门级）

饮食安排：

7:00

一杯白开水；

8:00

西瓜汁 200 毫升；

食材：西瓜 1 块（整个西瓜的 1/8）、冰块 5 个；

做法：将西瓜切成小块，和冰块一起放入榨汁机中，加入 200 毫升饮用水。

9:00~12:00

绿色蔬果汁 400 毫升；

食材：黄瓜半根、苹果（青苹果更好）1 个、菠菜 1 小把、芹菜 4 根、拇指大的生姜 1 块、胡萝卜 1 根；

做法：将所有食材洗净，切成小块，放入榨汁机中，加入 200 毫升饮用水。

12:00~18:00

香蕉李子汁 500 毫升；

食材：香蕉、李子、蜂蜜；

做法：香蕉去皮，放入榨汁机中榨成黏稠的香蕉汁。李子洗净，核取出榨汁。把香蕉汁倒入杯中，然后上面倒上李子汁，可以放入少许的蜂蜜加强通便效果。

建议：

（1）以1~3小时为间隔分次饮用。

（2）感到饥饿时可以适当增加蔬果汁量。

（3）如果觉得可以坚持，可试着延长轻断食2~3天；

（4）建议趁周末在家休息的时候进行。

一天轻断食（标准级——强化能量）

饮食安排：

7:00

一杯热柠檬水；

8:00

西瓜汁200毫升；

食材：西瓜1块（整个西瓜的1/8）、冰块5个；

做法：将西瓜切成小块，和冰块一起放入榨汁机中，加入200毫升饮用水。

9:00~12:00

西柚黄瓜绿蔬果汁500毫升；

食材：黄瓜半根、西柚1个、菠菜1小把、芹菜3根、水芹叶（甜菜叶）1小把，胡萝卜2根；

做法：将所有食材洗净，切成小块，放入榨汁机中，加入200毫升饮用水。

12:00~18:00

超能羽衣甘蓝汁500~1000毫升；

食材：紫甘蓝半颗、苹果2个；

做法：将所有食材洗净，切成小块，放入榨汁机中，加入200毫升饮用水。

18:00~21:00

香蕉草莓酸奶汁500毫升，

食材：香蕉2根、草莓6个，酸奶200毫升；蜂蜜10毫升；

做法：将香蕉和草莓洗净，切成小块，放入榨汁机中，倒入酸奶榨汁；最后调入蜂蜜搅匀即可。

不规定时间，感到饥饿时随榨随饮。

一天轻断食（标准级——强化排毒）

饮食安排：

7:00

橙皮姜茶一杯；

8:00

黄瓜苹果酸奶汁 500 毫升；

食材：黄瓜 1 根，苹果 1 个，酸奶 200 克；

做法：（1）将黄瓜、苹果洗净切成小块。

（2）将切好的黄瓜、苹果倒入榨汁机，再加入酸奶。

9:00~12:00

菠萝老姜胡萝卜汁 500 毫升；

食材：菠萝 1 个，胡萝卜 1 根、老姜 5 片，温白开水 200 毫升；

做法：将菠萝洗净，切成小块后放入盐水里泡一下。胡萝卜洗净切成小块。老姜切成片。放入榨汁机中，加入 200~300 毫升温开水榨汁。

12:00~18:00

清肠排毒果蔬汁 500~1000 毫升；

食材：牛蒡 1 根，菠萝 1/4 个，纤维素 20 克，蜂蜜 10 克；

做法：（1）将牛蒡去皮、切块，放入榨汁机中榨汁。

（2）将菠萝去皮、切块后加少量冷开水搅打成泥状。

（3）将纤维素加 100 毫升开水溶解。

（4）将 3 种纯汁混合，依个人喜好加少许冷开水、蜂蜜，搅打均匀后立即饮用。

18:00~21:00

苹果红薯梨汁 500 毫升；

食材：苹果 1 个，梨 1 个，红薯 1 个，温水 300 毫升；

做法：（1）将苹果、梨洗净去籽切成小块。

（2）生红薯去皮切成小块，用清水洗掉表面的淀粉。

（3）所有切好的食材倒入榨汁机，再加入 300 毫升温水榨成汁。

不规定时间，感到饥饿时随榨随饮。

关于轻断食，营养师提醒你：

（1）断食前开始减少食物的摄入量，可以的话只吃素食，以杂粮和蔬果为佳。

（2）断食中每天要喝够足量的水，一天不少于 2 升水。

（3）起床后，喝一杯橙皮姜茶。因为睡醒后人体的代谢功能就会开始运转，喝一杯姜茶不但能暖胃还能促进新陈代谢。

（4）断食中可适当地补充维生素和矿物质，以避免身体产生不适感。

（5）为了让内脏可以得到充分的休息，断食期间不要喝含酒精类的饮料。

（6）断食后肠胃会变得比较敏感，所以断食后不能立刻吃米饭等主食，应该先以喝粥代替吃饭，等肠胃慢慢适应，恢复本来状态后再开始回到正常的饮食。

◎ 科学饮用更健康

鲜榨蔬果汁味道鲜甜，可以适当补充营养、美容保健，可是如果饮用不当，也可能会引起身体不适，变成"泻药"！如何科学饮用才能保证安全健康呢？鲜榨蔬果汁保质期是多久呢？在你准备自制鲜榨蔬果汁饮用前，首先得知道这些：

❶ 遵循养生保健原则：春增甜、夏增苦、秋增酸、冬增辣

古代中医认为，让机体长久处于健康状态，同时又强身健体、延年益寿，重要的一条在于积极主动地适应自然界的变化，调整阴阳，确保机体内部的动态平衡。其中一点就是应时择食，根据季节的变化相应地调整饮食。应时择食，重要的在于根据食物的"味"——酸甜苦辣，视不同时令，适当增减，科学地选食相宜的食物。所以从养生保健角度出发，我们应遵循春增甜、夏增苦、秋增酸、冬增辣的包含原则，鲜榨蔬果汁也是如此。

❷ 空腹不喝鲜榨果汁

空腹不宜饮用浓度较高的果汁，以免冲淡胃液浓度，造成胃部不适。因此在饮用鲜榨果汁前还是要食用些主食。

❸ 鲜榨蔬果汁要现榨现喝

蔬果汁被暴露在空气中过久，它的活酶就开始降解，从而降低了营养价值，所以鲜榨蔬果汁要现榨现喝。

常温保存：不能超过2小时，超过2小时，鲜榨果汁会滋生大量微生物，微生物超标，会引起食用者身体不适，如腹泻等。

冰箱保存：夏天6~8小时，冬天12~24小时。如果放冰箱最多不要超过24小时。

❹ 烫过的蔬果出汁更多，颜色更艳

商业制作果蔬汁，往往对果蔬进行过热烫处理。也就是说，先把水果蔬菜在沸水中略微烫一下，"杀灭"氧化酶，让组织略微软一点，然后再榨汁。这样，不仅维生素损失变小，加大出汁率，还能让榨的汁颜色鲜艳，不容易变褐。比如胡萝卜、青菜、芹菜、鲜甜玉米，一定要烫过再打汁。

⑤ 选新鲜当令蔬果

蔬果汁的材料，以新鲜当令蔬果最好。冷冻蔬果由于放置时间久，维生素的含量逐渐减少，对身体的益处也相对减少。

⑥ 干净玻璃杯盛装避免感染

为了确保健康，应及时彻底清洗榨汁机及果汁杯。研究显示，如果鲜榨果汁使用玻璃杯盛装，细菌的感染几率更低。果汁榨好后，最好用玻璃杯盛装，并在第一时间饮用。

⑦ 鲜榨汁不能作为白开水、新鲜水果的替代品

鲜榨汁有益身体健康、制作简单、口感很好，很多人直接将其代替了新鲜水果、蔬菜，甚至拿来替代白开水，如果是这样，无形中会摄入大量的热量、糖分，有可能会影响胰岛素水平，导致体重增加。

⑧ 蔬菜水果不能相互代替，主食也不可或缺

蔬菜与水果都含有丰富的维生素以及各种矿物质，但有人爱吃水果，有人更偏爱蔬菜，其实这两者是不可相互代替的，因为两者含有的营养成分各不相同，其特殊的生理作用和功能也不尽相同。我们在制作蔬果汁时，要经常变换种类，还需适当配合富含脂肪、蛋白质类食物，以避免营养不均衡导致营养不良，最好搭配主食一同饮用，这样才能带给我们充足、全面的营养，保证身体更健康。

◎ 不宜喝蔬果汁人群及禁忌

蔬果汁含有很丰富的营养，但并不是所有人都适合，下面是关于不宜喝蔬果汁的人群及禁忌介绍，一起来了解下吧。

❶ 肾病患者、糖尿病人不宜喝

蔬菜中含有大量的钾离子，肾病患者无法排出体内多余的钾，若喝蔬果汁可能会造成高血钾症；另外，糖尿病人需要长期控制血糖，并不是所有蔬果汁都能喝。

❷ 胃溃疡、急慢性胃肠炎等胃病患者不宜喝太甜的蔬果汁

甘蔗、葡萄汁等太甜的蔬果汁会引起胃酸，含有菠萝的蔬果汁，容易引发胃痛。

❸ 高血压的中老年人不宜喝太热性的蔬果汁

像榴莲、龙眼、荔枝等热性水果做成的蔬果汁，会引起火气上升，也会让血压值更高。另外，葡萄柚汁不能与心血管疾病（如高血压、心脏病）药物同时服用。

❹ 有感冒症状的人不要喝容易上火的蔬果汁

感冒期间，不宜饮用如有洋葱、榴莲、樱桃、龙眼、释迦等过热食物的蔬果汁，会加重症状。

❺ 两岁以下宝宝不宜喝蔬果汁

两岁以下幼儿，喂食过多蔬果汁会导致宝宝营养不良及贫血，因为幼儿的胃口比较小，多喝果汁会相对失去摄取其他营养素的机会。另外，喝过多蔬果汁，会破坏宝宝牙齿珐琅质，造成蛀牙。也可能会导致宝宝腹泻。

饮用蔬果汁需要注意以下几点

（1）不宜加糖。否则会增加热量。

（2）不宜加热。加热后的蔬果汁不仅失去原有的香味，更会损失维生素等营养物质。

（3）不宜用蔬果汁送服药物。否则蔬果汁中的果酸容易导致各种药物提前分解和溶化，不利于药物在小肠内吸收，影响药效。

（4）蔬果汁不宜久放。要随榨随饮，否则空气中的氧会使其维生素C的含量迅速降低。

（5）不宜多饮，蔬果汁虽然营养好喝，但也要适可而止，每日饮用 200 毫升最为适宜。

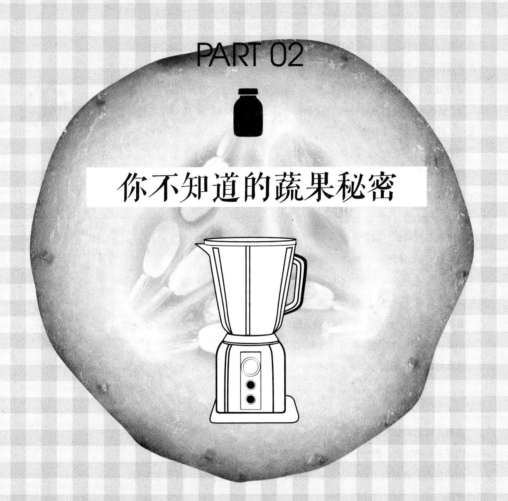

PART 02

你不知道的蔬果秘密

◎ 天然蔬果就是保健良药

白色蔬果

火龙果：软化血管、增进食欲。

归经：归胃、肺、大肠经；　性味：性平，味甘。

火龙果又名青龙果、红龙果，因其外表肉质鳞片似蛟龙外鳞而得名。不但营养丰富、功能独特，而且很少有病虫害，几乎不使用任何农药也可以完好生长。火龙果既是绿色、环保的果品，又是具有一定功效的保健食品。

营养成分：果肉含大量的膳食纤维，丰富的胡萝卜素，B族维生素、维生素C等，果核内（黑色芝麻状种子）更含有丰富的钙、磷、铁等矿物质及各种酶、白蛋白、纤维素及花青素等。

功效：预防血管硬化、辅助降低胆固醇。

挑选与储藏：果肉为白肉的口感好。最好在避光、阴凉的地方储藏，如果一定要放入冰箱，应置于温度较高的蔬果箱中，保存的时间不要超过2天。

白菜：养胃利水、解热除烦。

归经：归肠、胃经；　性味：性微寒，味甘。

大白菜是人们日常生活中不可缺少的一种重要蔬菜，素有"菜中之王"的美称。《本草纲目拾遗》中说大白菜"甘渴无毒，利肠胃。"

营养成分：膳食纤维、钙、镁、铁、钼、铜、磷、胡萝卜素以及多种维生素。

功效：养胃生津，清热除烦，解渴利尿，利肠胃。

选择与储藏：挑选包心实、分量重的。低温条件下保存，但注意不要受冻。

山药：健脾养肺、益胃补肾。

归经：归脾、肺、胃经；　性味：性平，味甘。

山药营养价值很高，自古以来被视为物美价廉的补虚佳品，既可做主食，也可做菜。

营养成分：富含碳水化合物、蛋白质、淀粉、B族维生素、维生素C、维生素E、葡萄糖、氨基酸等多种营养保健成分，具有诱导产生干扰素、增强人体免疫功能的作用。

功效：健脾胃，滋肺肾，补虚赢，滋肾益精，帮助消化，辅助降低血糖。

挑选与储藏：选横切面为雪白色的，须毛多的。置于通风阴凉处保存，注意防蛀。

绿色蔬果

菠菜：清热通便、理气补血。

归经：归胃、大肠经；　性味：性凉，味甘。

菠菜是耐寒蔬菜，长日照植物。主根发达，肉质根红色，味甜可食。菠菜烹熟后软滑易消化，特别适合老、幼、病者食用。

营养成分：含锌、叶酸、氨基酸和叶黄素，β-胡萝卜素等。

功效：清热通便，理气补血，防病抗衰。

挑选与储藏：挑选菠菜以菜梗红、短，叶子新鲜有弹性的为佳。储存时用潮湿的报纸包好放入保鲜袋，再竖直放入冰箱内。

西蓝花：补肾填精、补脾和胃。

归经：归肝、脾经；　性味：性凉，味甘。

西蓝花的形态特征、生长习性和普通菜花基本相似，长势强健，耐热性和抗寒性都较强。

营养成分：碳水化合物、矿物质、维生素C和维生素A。

功效：补肾填精，健脑壮骨，补脾和胃，防癌抗癌，提高肝脏解毒能力，增强免疫力。

挑选与储藏：选购西蓝花以菜株亮丽，花蕾紧密绕实的为佳，花球表面无凹凸，整体有隆起感，拿起来没有沉重感的为良品。用纸张或保鲜膜包起来直立放入冷藏室，可保鲜一周。

猕猴桃：利调中理气、解热除烦。

归经：归胃、脾经；　性味：性寒，味甘、酸。

猕猴桃维生素C含量非常丰富，被称为"维C之王"，因为果皮有毛，貌似猕猴而得名。猕猴桃美味可口，营养丰富，其中的维生素C和维生素E共同协作，能够有效提升人体的抗氧化能力。

营养成分：丰富的维生素C、维生素A、维生素E以及钙、钾、镁等。

功效：调中理气、生津润燥、解热除烦。

挑选与储藏：选猕猴桃一定要选头尖尖的，而不要选择头扁扁的像鸭子嘴巴的那种。猕猴桃不可放置在通风处，这样水分会流失，就会越来越硬，影响口感。应放于箱子中保存。

紫黑色蔬果

紫甘蓝：补益肠胃、护肤抗衰。

归经：归脾、胃经；　　性味：性平，味甘。

紫甘蓝又称红甘蓝、赤甘蓝，俗称紫包菜，也叫紫圆白菜是十字花科、芸薹属甘蓝种中的一个变种。由于它的外叶和叶球都呈紫红色，故名。

营养成分：丰富的维生素 C、较多的维生素 E 和 B 族维生素以及丰富的花青素和纤维素等。

功效：抗氧化，维护皮肤健康，增强肠胃功能。

挑选与储藏：用手掂量分量，沉点的比较好，水分足，结构紧凑。再看颜色，光泽度高的新鲜。用手按压紫甘蓝，以按不动的为好。用保鲜膜包好放冰箱里冷藏。

葡萄：美容养颜、补益气血。

归经：归肺、脾、肾经；　　性味：性平，味甘、酸。

葡萄堪称水果界的美容大王，它的果肉、果汁和种子内都含有许多对皮肤有益的营养成分，它具有抗氧化、防皱等功效，还能让肌肤保湿，让肤色变得更加水润透亮。此外，葡萄中所含的多酚可保护肌肤，令肌肤再生，使肌肤更有弹性。

营养成分：葡萄糖，钙，钾，磷，铁，氨基酸等。

功效：补血强智利筋骨，健胃生津除烦渴，益气逐利小便。

挑选与储藏：新鲜的葡萄表面有一层白色的霜，用手一涂就会掉，所以没有白霜的葡萄可能是被挑挑拣拣剩下的，白霜都掉了。将葡萄放入保鲜袋中再放入冰箱中保存即可。

红色蔬果

胡萝卜：健脾消食、清热解毒。

归经：归肺、脾经；　　性味：性温，味甘。

胡萝卜肉质细密，质地脆嫩，有特殊甜味，营养丰富，内含丰富的胡萝卜素，食用后经肠胃消化可分解成维生素 A，可预防夜盲症和呼吸道疾病。

营养成分：蔗糖、葡萄糖、淀粉、胡萝卜素以及钙、磷等。

功效：健脾消食，补肝明目，清热解毒，降气止咳。

挑选与储藏：颜色越深，胡萝卜素或铁盐含量就越高，红色的比黄色的高，黄色的又比白色的高。胡萝卜储藏前不要用水洗，将头部切掉，放入冰箱冷藏即可。

番茄：健脾消食、凉血平肝

归经：归肝、胃、肺经；　　性味：性凉，味甘。

番茄中维生素 A、维生素 C 的比例均衡，常吃可增强血管功能，预防血管老化。番茄中的类黄酮，既有降低毛血细管的通透性和防止其破裂的作用，还有预防血管硬化的特殊功能。

营养成分：碳水化合物、蛋白质、维生素 C、胡萝卜素、矿物质和有机酸等。

功效：生津止渴，健胃消食，凉血平肝，清热解毒，降低血压。

挑选与储藏：番茄要选颜色粉红、果形浑圆，表皮有白色小点的，感觉表面有一层淡淡的粉一样，捏起来很软。蒂的部分一定要圆润，最好带淡淡的青色。日常可放在室温保存。

黄色蔬果

玉米：健脾利湿、开胃益智。

归经：归脾、胃经；　　性味：性平，味甘。

玉米是一年生禾本科草本植物，是重要的粮食作物和重要的饲料，也是全世界总产量最高的粮食作物。玉米须也有药用价值。

营养成分：碳水化合物、蛋白质、脂肪、膳食纤维、谷氨酸、亚油酸、B 族维生素、维生素 E、钙等。

功效：健脾利湿、开胃益智、宁心活血。

挑选与储藏：甜玉米颗粒整齐，表面光滑，平整明黄；黏玉米颗粒整齐，表面光滑平带，白色。存储的地方要尽量降低温度，并注意防虫。

橙子：生津止渴、胃健脾。

归经：归肺经；　　性味：性凉，味甘、酸。

橙子的营养价值很高，可以有效地补充多种维生素。橙子汁味甜而香，含有大量的糖类和一定量的柠檬酸以及丰富的维生素 C，营养价值较高，果实还含维生素 P，具有极高的药用价值。

营养成分：膳食纤维、碳水化合物、胡萝卜素、B 族维生素和维生素 C 等。

功效：生津止渴，和胃健脾，消食，去油腻，清肠道。

挑选与储藏：选购橙子以中等大小、香浓而皮薄为佳，握在手里感觉沉重的，颜色佳，有光泽，脐窝不是太大，气味芳香浓郁的可以放心购买。橙子用保鲜袋装起来，不要接触空气就可以存放久一点，不能放冰箱里保鲜。

◎ 选对蔬果榨好汁

❶ 选用新鲜时令蔬果

新鲜时令蔬果、水果营养价值高，味道也会更好。反季蔬果多产自大棚，经过某种催熟剂催熟，因此会残留有害物质，不利于人体健康。如果是自己种的或者有机蔬果效果更佳。

❷ 容易变褐的水果不作主搭

苹果、梨、香蕉容易氧化，放进去的果肉是白白嫩嫩的，打出来就变成黑褐色的了，可作打底用，不建议作为果汁的主料。

❸ 选出汁率高的水果

西瓜、哈密瓜、甜瓜、梨、葡萄、提子、火龙果、樱桃、番茄、橙子、柚子等。这些水果出汁率都很高，也没有其他味道，主要提供甜味，是很好的搭配品。

❹ 味道很"自我"的水果榨汁也好喝

芒果、菠萝、水蜜桃、木瓜等，除了甜之外还拥有各自独特的香味，这些水果特别适合作为果汁的主要搭配品。另外，因为它们的口感比较美味，所以特别适合做果昔，喝起来像水果泥，完全保留了水果的口感和味道。

❺ 想要口感醇厚，一定少不了牛油果

牛油果营养非常丰富，可搭配任何水果，因为牛油果能很自然地吸纳其他水果的味道，同时也可以保证水果良好的口感，榨出的汁，有种醇厚的味道。

❻ 巧妙选择蔬果汁的调味剂

柠檬可以保护其他蔬果中的维生素 C 不被破坏。有些蔬果汁营养丰富，但味道苦涩，如苦瓜汁。制作时，可以加入适量冰块，既能调味，也能减少蔬果汁的泡沫，还能抗氧化。

❼ 混搭要爽口

将不同的蔬菜、水果混合起来榨汁，营养更为全面，口感也更好。比如单一的柠檬汁过于酸涩，可以加入苹果，这样能同时吸收两种水果的营养，而且味道也不会很酸。

PART 03

美味蔬果汁制作秘诀

目前市面上大家认可的榨汁机主要分为 3 种，分别是高速离心式榨汁机、低速挤压式榨汁机、搅拌机。下面我们将详列这几类榨汁机的优缺点，供读者参考选用。

❶ 高速离心式榨汁机

这是国内市场上最普遍的榨汁机类型，它的工作原理是利用刀网每分钟几千转的高速转动把水果搅碎，强大的离心力使果汁喷流入果汁杯，而果渣则甩进收渣桶。不同品牌型号的高速离心式果汁机也有材质、功率、进料口大小的区别。功率大、进料口大的，效率更高，噪声也相对大一点。

优点：水果不用切得很小，榨汁速度快，省时省力，榨一个苹果或者胡萝卜只需几秒钟，榨出的果汁清亮。

缺点：噪声大；出汁率一般，榨完的果渣有些果汁余留，对于含水量较少的叶菜类或者特别软的水果几乎榨不出汁来。另外一点很多人介意的就是氧化，高速榨汁机都是通过刀片每分钟 2000 转以上的速度把水果打碎，然后榨出果汁，但是在打碎的同时，因为其高转速的刀片产生一定的热量，水果里的很多养分都会被加热而变性，所以很多营养成分就氧化掉了。

适合果蔬：苹果、梨、番茄、胡萝卜、黄瓜、紫甘蓝、西瓜；蓝莓、草莓、香蕉等软质水果不建议用；甘蔗不建议用。

❷ 低速挤压式榨汁机

它的工作原理是靠内部的螺旋杆以每分钟 43 转进行低速旋转，对水果进行挤压、研磨，果汁透过滤网流出，果渣从排渣口排出。

优点：由于是低速旋转，所以噪声低，也不会对果汁氧化；而通过挤压研磨的工作原理，榨比较脆的水果出汁率高，榨出的果渣很干，不浪费，对于叶菜类的出汁率也能令人满意。

缺点：水果需要切成很小的块，再一点一点地填进去榨，要花一点时间；榨出的果汁较稠，里面混有细小的果肉纤维。

适合水果：苹果、橙子、梨、哈密瓜、西瓜、黄瓜等；有硬核必须去除，比如樱桃、山楂、葡萄。甘蔗不建议用。

❸ 搅拌机

相比单功能榨汁机，搅拌机除了具备水果搅拌、榨汁功能外，还具有打豆浆、研磨、绞肉等功能。用电机带动刀片高速旋转来搅拌、粉碎、切割食物的搅拌机，市售搅拌机多数包括一大堆附件，豆浆杯＋研磨杯＋绞肉杯，不同的功能采用不同的组合，下厨做饭时使用得当能省不少力气。

优点：尤为适合中国家庭的烹饪需求。

缺点：因为搅拌机本身只有粉碎功能，但不能排除果渣，因此搅拌机是无法做出纯果汁的。它的成品比较接近果泥和果汁的混合体，非常适合做婴幼儿辅食。

适合水果：草莓和香蕉等软质水果适合做奶昔，用台式搅拌机最佳；苹果，梨等硬质水果，一般用手持搅拌机加少量水做果泥；

❹ 破壁料理机

其实就是台式搅拌机，功率非常高，转速（45000 转／分以上）能瞬间击破蔬果的细胞壁，有效地萃取植物生化素，从而获得破壁料理机的美名，算是普通搅拌机的加强版。

❺ 豆浆机

现在有些豆浆机也有"果蔬冷饮"功能。所以家里已经有豆浆机也可以用来制作一些常用的蔬果汁，这样可以避免购置太多小家电带来不必要的开支。用豆浆机制作蔬果汁与榨汁机类似，也是先将蔬果食材加工切成小块，倒下豆浆机内，再加入适量的饮用水，然后选择豆浆机的"果蔬冷饮"功能即可。

❻ 压榨器

压榨器是将西柚、橙子等柑橘类水果压榨取汁的小工具。在用榨汁机以及搅拌机制作的蔬果汁上面淋少量的压榨蔬果汁，可以演绎出丰富多彩的味道。一只可单手操作的小号压榨器不但操作方便，也十分便于保管。比起塑料材质的压榨器，重量稍重的不锈钢或者陶瓷材质的压榨器更加耐用，榨汁时也比较省力。有很多妈妈都选择用压榨器给宝宝做果泥。

◎ 蔬果清洗有妙招

你一直在用蔬果清洁剂清洗蔬果吗？小心越洗越毒！我们都知道蔬菜水果买回来洗过才能吃。但要用什么洗、怎么洗才能洗净蔬果残留的细菌和农药等有害物质呢？哪种洗法会让蔬果越洗越"毒"？而又该如何正确处理，才能吃到100%安心的健康蔬果？非当季、抢收类的蔬果，以及比较软的水果如草莓等，残留农药会较其他蔬果高，又该如何清洗？

三大错误清洗法：

错误方法 1：水中加盐

虽然盐巴能使蔬果上的虫或卵掉落，但却会大大降低水的清洁能力。若盐的浓度过高，反而会反使水中的农药渗透进蔬果中，导致更多的农药残留。

错误方法 2：完全浸泡法

很多人为了让农药水解，往往将蔬果浸泡在水中半小时以上。这么做其实溶解的农药有限，且会让营养成分快速流失，反而适得其反。

错误方法 3：使用蔬果清洁剂

市面上所售的蔬果清洁剂，很多都含有表面活性剂，容易导致二次残留。若一定需要使用，则需在用过清洁剂后再次大量以清水冲洗，以免吃进更多毒素。

五秘诀让蔬果清洗最干净：

秘诀 1：洗前室温保存一段时间

蔬果上的农药残留，会随着温度变高而逐渐降低，因此在室温通风的水果，2~3 天便能因与氧气结合而完全挥发，而使农药自然代谢。放置冰箱反而无助于农药挥发。

秘诀 2：把握"清洗、切除、搓洗、浸泡、刷洗、冲洗"的操作顺序。

买回来的蔬果一定要先清洗过一遍。在切除蒂头、根部后，在自来水下搓洗 30 秒以上，然后再用清水浸泡，不过浸泡时间最好不少于 10 分钟。取出后再刷洗，最后以清水冲洗一遍即可。

秘诀 3：添加辅助剂浸泡洗涤法

可以添加碱（小苏打）、淘米水（最好用头两次的）进行浸泡洗涤。将蔬菜瓜果在这样的水中浸泡 5~15 分钟，可以去除蔬果表面所含的有机磷杀虫剂。浸泡后请注意要完全冲洗干净。

秘诀 4：氽烫去除硝酸盐

硝酸盐除了存在于香肠、腌制肉品中，在超过八成以上的市售蔬果中也含有过量硝酸盐。最简易保险的方法，便是氽烫后再食用。如此不仅能够去除农药，连硝酸盐、草酸盐等有害物质也可一并去除。在加热时，最好把锅盖打开，让农药随着蒸气有效挥发。

秘诀 5：带皮蔬果，去皮前也需先清洗

如香蕉、橘子、橙子、奇异果、土豆等需要去皮蔬果，由于农药多残留表面，已大大降低食进农药机会。然再去皮前，仍要记得先用清水洗净，才能确保无误。

◎ 常用蔬果保鲜实用技法

　　日常生活中，人们买了水果以后就一股脑儿塞冰箱，以便能更持久保鲜，其实这并不是正确的方法，应该依照水果的特性去存放。

　　1、买猕猴桃不能挑太软的，应该选择果肉稍硬一点的，这样在常温下可以放2~3天，然后再放进冰箱，可以存放半个月左右。

　　2、分开包装、摆放为保存关键。奇异果、苹果、木瓜、酪梨、水蜜桃、洋梨、释迦、香蕉、芒果等水果会散发乙烯，乙烯是一种植物荷尔蒙、无色无味，会加速水果成熟与老化，存放水果的温度越高，乙烯释出就越多，若将蔬果与此类水果放在一起，就容易提早老化、腐烂。

　　3、葡萄柚、凤梨、香瓜、柳橙、柠檬、西瓜、火龙果等水果，要放室温、阴凉处（非阳光直射处），最好是放在有洞的袋子里。

　　4、水果堆中，若是有一颗水果坏掉，就要立即挑出，别让其他水果一颗一颗接着坏。

　　5、葡萄、提子之类的水果不吃之前不要用水清洗，要在干燥状态放在纸里面包好。葡萄保鲜期为一星期左右，应尽快吃完，以防变质。

　　6、草莓在保存之前也不易清洗，应去掉上面的梗，再盖上保鲜膜放冰箱冷藏即可。

　　7、黄瓜、胡萝卜、茄子、莲藕用纸包好放在阴凉的地方即可。

　　8、芹菜买回来应清洗干净，然后将叶子和茎分别用纸包好，最后用塑料袋装好放进冰箱，也可以用比较湿的毛巾包好放入冰箱，茎干最好竖着放。

　　9、土豆要放在阴凉处保存，土豆和苹果放在一起，可以避免土豆长芽。

　　10、圆白菜买回来必须要先将根须去掉，然后用纸包好，否则圆白菜的叶子很容易蔫了。

　　11、白萝卜买回来必须要先将根须叶子去掉，然后放在阴凉通风的地方保存。

　　12、红薯可以保存4~5个月，只需要放在阴凉通风的地方就可以了，保存前不用清洗。

　　13、将甜椒装在塑料袋放进冰箱，黄色和青色的可以放在一起，能保存1周左右，红色的单独存放，3~4天吃完最好。

◎ 制作蔬果汁的常用搭配

自制蔬果汁可以随心所欲进行搭配，根据个人喜好尝试多种蔬果来组合搭配，这样不仅能变换出不一样的味道，也能实现营养的均衡，从而更有效地达到保健、美容、减肥等功效。

❶ 蔬菜类 + 蔬菜类　功效双倍

    如：菠菜 + 胡萝卜 = 促进消化，改善食欲

         胡萝卜 + 番茄 = 增强人体抵抗力，预防疾病

         白萝卜 + 莲藕 = 润肺祛痰，生津止咳

❷ 水果类 + 水果类　增强营养

    如：草莓 + 山楂 = 软化血管，保护心脏

         桃 + 柿子 = 清热去燥，润肺化痰

❸ 蔬菜类 + 水果类　增强抵抗力、提高免疫力

    如：小白菜 + 苹果 = 预排毒养颜，预防疾病

         山药 + 苹果 = 健脾养胃

         番茄 + 西瓜 = 养心护心，预防中暑

❹ 蔬果菜、水果类 + 干果类　健脑益智

    如：南瓜 + 芝麻 = 补肝肾，润五脏

         桂圆 + 红枣 = 健脾、补血、益气

         梨 + 银耳 = 润肺止咳

❺ 蔬菜、水果类 + 花草茶　醒脑益神

    如：土豆 + 绿茶 = 抗氧化，清血脂

         香蕉 + 红茶 = 抗氧化，稳定血压、抵御中风

❻ 蔬菜、水果类 + 其他（牛奶、蜂蜜、豆浆）营养更丰富

    如：菠菜 + 酸奶 = 开胃，助消化

❼ 瘦身蔬果汁常用搭配单品

柠檬汁，含有丰富的维生素和柠檬酸，柠檬酸进入体内后，会消耗掉体内从食物中摄取的糖分和脂肪，使得脂肪无法囤积，从而达到瘦身的效果。

苹果汁，含有大量不溶性纤维可清洁肠道，还能促进食物的消化。肠胃在苹果汁的作用下得到很好的蠕动，排出体内的毒素和垃圾，从而起到减肥效果。

西芹汁，热量很低，而且含有丰富的纤维，可以加速肠道的蠕动，促进食物消化和新陈代谢，从而达到消解脂肪的目的。西芹还有利尿消肿的作用。

西柚汁，含有能使糖分不会轻易转化为脂肪的酶，从而达到瘦身的效果。西柚还富维生素、叶酸和水溶性纤维，这些营养素能强化皮肤毛细孔功能，有利于皮肤保健和美容。

◎ 制作蔬果汁的 N 个窍门

❶ 切削水果的刀具要分类

家里的刀具应该分成切肉、切蔬菜、切水果三种。因为在切蔬菜或者肉类的时候，会接触到上面的寄生虫或其他细菌，如果清洗不到位，就会污染到水果、蔬菜，这样制作的蔬果汁可能导致肠胃不适。

❷ 蔬果先洗后切最营养

蔬菜和水果都需先洗后切，因为有些蔬果内含大量水溶性维生素，如果先切后洗容易导致营养物质的流失。

❸ 巧妙利用小工具处理水果

有些水果果皮用刀并不好处理，例如：菠萝、猕猴桃、芒果等，这些水果的果皮不是太硬就是太软，需要选择一些合适的小工具来处理果皮。比如菠萝，先用小刀片将果皮削掉，里面一个个的小黑洞就可以用镊子去掉。再比如猕猴桃，可以先将两端横切一下，再利用一把勺子从横切面里面转一圈，就可以把剩下的果肉都取出来，这样比起用刀或者用手来去掉果皮要方便。

❹ 方便省力的水果削切机

市面有专门的水果削切机，不仅能将水果皮去掉，还能直接将水果切好，这样制作蔬果汁更省时省力。

❺ 巧妙使用冰块

不好喝的蔬果汁加上冰块，口感会稍微好一些；另外在搅打食物时，可以先放入冰块，不但可以减少榨汁过程中产生的气泡，还能防止营养成分被氧化。

❻ 材料须放入冰箱冷藏

为了使口感更好，可以先冷藏使用的材料，香瓜类可以先去除种子后，再用保鲜膜包好冷藏。

❼ 柠檬尽量最后放入

由于柠檬的酸味较浓，制作蔬果汁时，其酸味容易影响到其他食材的口感，所以应该尽量在最后加入柠檬，这样不但不会破坏果汁的口感，反而会为蔬果汁增添香气。

❽ 制作时间缩短

为了减少维生素的流失，以及防止蔬果汁口感变差，在制作过程中动作应该快一些，尤其是榨汁机压榨蔬果更应快速制作。

❾ 果汁要尽快喝完

为了保留果汁中的营养成分不被氧化，制成的蔬果汁最好在 2 小时内喝完。

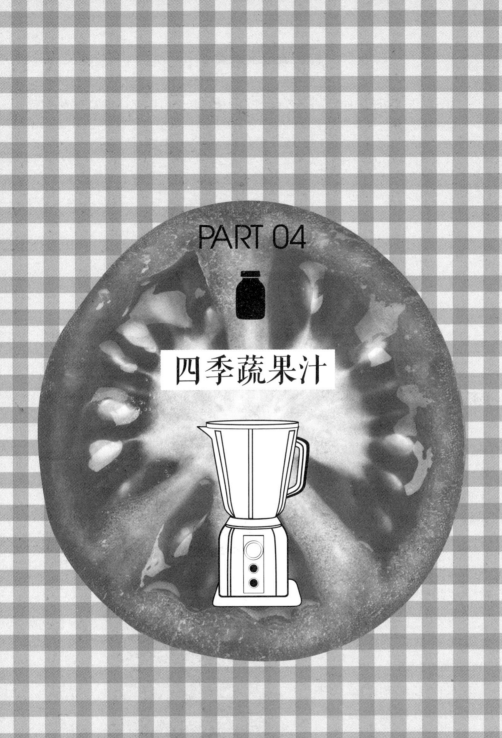

PART 04

四季蔬果汁

春，增甜、养肝——古代养生名著《摄生消息录》指出：当春之时，食味宜减酸益甘，以养脾气。

适宜蔬果：胡萝卜、菜花、圆白菜、柿子椒、草莓、柑橘、枇杷、樱桃。

01 草莓苦瓜彩椒汁

清热解毒、增强抵抗力

功效

草莓富含氨基酸、果糖、蔗糖、葡萄糖、柠檬酸、苹果酸、果胶、胡萝卜素、维生素B、维生素B₂等，能够补充身体所需要的各种营养，同时还能调节心情。

苦瓜含有较多的维生素C、维生素B以及生物碱；其含有的半乳糖醛酸和果胶也较多。苦瓜中的苦味来源于生物碱中的奎宁。这些营养物质具有促进食欲、利尿、活血、消炎、退热和提神醒脑等作用。

彩椒中含有丰富的维生素C，不仅可以改善黑斑，还能促进血液循环。

材料

苦瓜	半个
草莓	10 个
彩椒	1 个
饮用水	200 毫升

 苦瓜

 饮用水

 草莓

 彩椒

做法

① 将苦瓜洗净去瓤切成丁，草莓去蒂洗净切成两半；彩椒洗净去籽切成块状；

② 将所有食材放入榨汁机，加入水榨汁。

营养师提醒：

如果平时消化功能不好，或是舌质颜色淡白，或是脉博比较微弱，则不宜过多食用苦瓜。

02 草莓牛奶果汁

明目养肝、美白祛斑

春季

功效

　　草莓还含有大量的维生素 C，能令肌肤美白，甚至有防皱功效，可改造粗糙的肤质，还可淡化脸上的斑点。牛奶内含丰富的蛋白质和磷质以及维生素 C、维生素 D 等多种营养成分，尤其与新鲜草莓混合饮用，可加快体内的新陈代谢，使肌肤变得白嫩而细腻，富有弹性。

材料

草莓	8 个
牛奶	250 毫升

做法

❶ 将草莓洗净切成两半；

❷ 将切好的草莓放入榨汁机，加入牛奶榨汁。

营养师提醒：

草莓中所含的胡萝卜素是合成维生素 A 的重要物质，具有明目养肝作用。

哈密瓜草莓牛奶汁

美白护肤、补充维生素

材料

哈密瓜	2片
草莓	4个
牛奶	200毫升

做法

❶ 将哈密瓜去皮去瓤切成块，草莓去蒂洗净切成两半；

❷ 将所有食材放入榨汁机，加入水榨汁。

营养师提醒：

此款蔬果汁能够很好地补充身体所需的维生素，调节身体营养平衡。

功效

哈密瓜中含有丰富的抗氧化剂，能够减少皮肤黑色素的形成。哈密瓜的维生素含量非常丰富，这有利于人的心脏和肝脏的正常工作以及肠道系统的活动，促进内分泌和造血功能，加强消化功能。草莓富含膳食纤维、维生素C、胡萝卜素等营养物质，被誉为"水果皇后"对于美白肌肤，延缓衰老具有极佳的作用。

04 枇杷雪梨汁

止咳平喘、清热润肺

功效

　　枇杷富含人体所需的各种营养素，是保健水果，主要用于肺热咳喘、吐逆、烦渴，还可保护视力，保持皮肤健康润泽，促进儿童身体发育的功效。

　　雪梨有清肺润肺、生津止渴、止咳平喘和化痰的作用。此饮有护喉利肺之功效，适用于因为抽烟过多所致的喉部不适，咳嗽痰多等症。

材料

枇杷	10 颗
雪梨	1 个
蜂蜜	适量
饮用水	200 毫升

枇杷

饮用水

雪梨

蜂蜜

做法

❶ 将枇杷洗净去皮去核；雪梨洗净去核切成块；将所有食材放入榨汁机，加入水榨汁。

❷ 将准备好的枇杷和雪梨放入榨汁机，加入饮用水榨汁；

❸ 在榨好的果汁内加入适量的蜂蜜搅匀即可。

营养师提醒：

脾虚泄泻者、糖尿病患者不宜用枇杷榨汁饮用。

05 橘子菠萝汁

促进血液循环，防止角质层老化

功效

橘子不但营养价值高，而且还具有健胃、润肺、补血、清肠、利便等功效，美容护肤、促进伤口愈合。此外，由于橘子含有生理活性物质橘皮苷，它可降低血液的黏稠度，减少血栓的形成，故而适合脑血管疾病患者食用。

菠萝所含的B族维生素能有效地滋养皮肤，防止肌肤干裂。

材料

柑橘	1个
菠萝	4片
饮用水	200毫升

柑橘

菠萝

饮用水

做法

❶ 将柑橘洗净去皮，橘肉分开；菠萝去皮洗净切成块状；

❷ 将所有食材放入榨汁机，加入水榨汁。

营养师提醒：

患有溃疡病、肾脏病、凝血功能障碍的人应禁食菠萝，发烧及患有湿疹、疖疮的人也不宜多吃。

06 柑橘果汁

强化毛细血管、缓解中风症状

春季

功效

　　橘皮中含有的维生素C远高于果肉，维生素C又叫抗坏血酸，在体内起着抗氧化的作用，能降低胆固醇，维生素C还能降低患心血管疾病、肥胖症和糖尿病的概率；同时柑橘可以调和肠胃，刺激肠胃蠕动，帮助排气。

材料

柑橘		2个
饮用水		200毫升

做法

❶ 将柑橘带皮切成块；

❷ 将准备好的柑橘放入榨汁机，加入饮用水榨汁。

营养师提醒：

此款果汁能强化毛细血管，缓解中风症状。

07 柑橘苹果汁

生津止渴、润肺化痰

材料

柑橘	1个
苹果	1个
饮用水	200毫升

做法

❶ 将柑橘洗净去皮，橘肉分开；苹果洗净去核，切成块状；

❷ 将所有食材放入榨汁机，加入水榨汁。

营养师提醒：

吃柑橘千万别把橘瓤外白色的筋络扯掉，这一部分对人体的健康非常有益。

功效

柑橘果肉中含有丰富的维生素C，能提高机体的免疫力。

苹果可以调理肠胃、止泻通便、有消除疲劳的功效。

⑧ 樱桃芹菜汁

生津止渴、补益气血

春季

功效

　　樱桃含有维生素 C、维生素 E、钙、铜、铁、钾、锰等营养成分，有调中益气、健脾和胃的功效。樱桃的含铁量特别高，常食樱桃可补充体内的铁元素，能促进血红蛋白再生，既可防治缺铁性贫血，又可增强体质。樱桃不仅营养丰富，还能美白祛斑，医疗保健价值也很高。

　　芹菜中含有丰富的纤维，可以过滤人体内的废物，刺激身体排毒，有效对付由于身体毒素累积所造成的体表皮损，从而起到对抗痤疮的作用。芹菜还有减肥作用，能帮助脂肪燃烧，并且能够细致皮肤。

材料

樱桃	10 个
芹菜	半根
饮用水	200 毫升

樱桃

芹菜

饮用水

做法

❶ 将樱桃洗净去核；芹菜洗净，切成块状；

❷ 将樱桃和芹菜放入榨汁机，加入饮用水一起榨汁。

营养师提醒：

由于樱桃尤其是樱桃核中含有一定量的氰苷，若食用过多会引起铁中毒或氰化物中毒，因此，榨汁前一定要去核且不宜一次饮用太多。若有轻度不适可用甘蔗汁来解毒。

09 樱桃番茄汁

清热解毒、生津止咳

春季

功效

　　樱桃含有维生素 C、维生素 E、钙、铜、铁、钾、锰等营养成分，有调中益气、健脾和胃的功效。番茄富含维生素 C、蛋白质、脂肪、糖类等营养成分，有清热解毒、生津止渴的功效。

材料

番茄	半个
樱桃	10 个
柠檬	适量
饮用水	200 毫升

做法

❶ 将番茄洗净切小块；樱桃洗净去核；

❷ 将番茄和樱桃放入榨汁机，加入水榨汁；

❸ 在榨好的果汁内滴入适量柠檬汁搅匀即可。

营养师提醒：

有溃疡症状者、糖尿病患者最好不要饮用此果汁。

⑩ 樱桃牛奶汁

增强体质、预防贫血

材料

樱桃	10 个
低脂牛奶	100 毫升
蜂蜜	少许

做法

❶ 将樱桃洗净去核；

❷ 将樱桃放入榨汁机，加入牛奶和蜂蜜一起榨汁。

营养师提醒：

挑选樱桃要选大颗、颜色暗枣红色的、有光泽、饱满、外表干燥、樱桃梗保持青绿的。

功效

　　樱桃富含铁质，经常食用能有效预防贫血，令人面色红润。此外，樱桃的膳食纤维含量也很高，食用后可改善便秘症状。牛奶含有丰富的钙、维生素、蛋白质等营养成分，有助于增强体质。

◎夏季蔬果汁

夏，增苦，养心——夏时人体气血趋向体表，食养应着眼于清热消暑、健脾益气。

适宜蔬果：苦瓜、黄瓜、番茄、卷心菜、番茄、桃子、西瓜、菠萝、芒果、火龙果、荔枝、猕猴桃、香蕉、哈密瓜、香瓜。

01 西瓜苹果汁

清热消肿、降低血压

夏季

功效

西瓜所含的番茄红素和 β – 胡萝卜素是具有抗癌作用的抗氧化剂的组成部分。西瓜内含的枸杞碱可以抑制癌细胞繁殖及肿瘤的形成。其内含的配糖体可以促进体内产生 T 淋巴细胞及去活化巨噬细胞，从而产生抗体来抑制癌细胞的成长。

西瓜汁可以清热消毒，生津止渴，除烦去腻，对肾炎、糖尿病及膀胱炎等有辅助疗效。

苹果中所含的果酸成分能够缓解咽炎症状。

材料

西瓜	2片
苹果	半个
饮用水	200毫升

西瓜

饮用水

苹果

做法

❶ 将西瓜去皮去籽后切成块状；苹果洗净去核切成块状；

❷ 将切好的西瓜、苹果倒入榨汁机中，加入饮用水一起榨汁。

营养师提醒：

肾功能出现问题的病人吃了太多的西瓜，会因摄入过多水分又不能及时排出，造成水分在体内储存过久，血容量增多，容易诱发急性心力衰竭，因此不宜多喝。

02 清爽西瓜汁

清热消毒、生津止渴

功效

西瓜是清热解暑，辅助降血压的优质食材，对改善贫血、咽喉干燥均有一定的作用。西瓜中还富含维生素C，常吃可增加皮肤弹性、减少皱纹。

西瓜汁可以清热消毒，生津止渴，夏天喝一杯清爽的西瓜汁，可以安神除烦。

材料

西瓜	4片
饮用水	200毫升

做法

❶ 将西瓜去皮去籽后切成块状；
❷ 将切好的西瓜倒入榨汁机中榨汁。

营养师提醒：

肾功能出现问题的病人吃了太多的西瓜，会因摄入过多水份又不能及时排出，造成水分在体内储存过久，血容量增多，容易诱发急性心力衰竭，因此不宜多喝。

03 西瓜黄瓜汁

清热止渴、缓解咽炎症状

材料

西瓜	2片
黄瓜	半个
饮用水	200毫升

做法

❶ 将西瓜去皮去籽后切成块状；黄瓜洗净切成块状；

❷ 将切好的西瓜、黄瓜倒入榨汁机中，加入饮用水一起榨汁。

❸ 将榨好的果汁倒入玻璃杯内，加入适量蜂蜜搅匀即可。

营养师提醒：

黄瓜尾部含有较多的苦味素，有抗癌作用，所以吃黄瓜时不要将黄瓜尾部完全丢掉，要带些尾部一起榨汁。

功效

西瓜含有丰富的葡萄糖、果糖、氨基酸、苹果酸、番茄素、维生素A、维生素C、B族维生素等成分，而且不含脂肪和胆固醇，是典型的高钾低钠水果，性味甘寒，有清热解暑、生津止渴、利尿除烦等功效。

黄瓜可生津止渴，利尿消肿，辅助降低血压。

04 # 柠檬芹菜香瓜汁

淡化褐斑、缓解皮肤晒伤

夏季

功效

柠檬、芹菜均具有抗氧化性。此汁具有淡化褐斑、雀斑的功效，对皮肤晒伤也具有一定的疗效。

材料

柠檬	1个
芹菜	30克
香瓜	80克
砂糖	少许
饮用水	200毫升

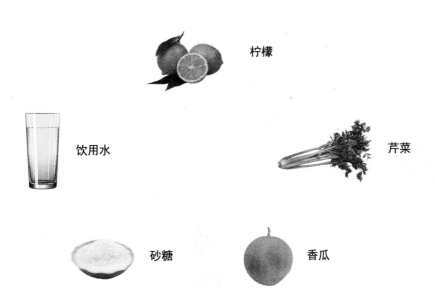

柠檬

饮用水

芹菜

砂糖

香瓜

做法

❶ 柠檬洗净切片；香瓜去皮，去籽，切块；芹菜洗净备用；

❷ 将芹菜整理成束，放入榨汁机，再将香瓜、柠檬放入榨汁；最后加入砂糖，搅拌均匀即可。

营养师提醒：

柠檬味极酸，易伤筋损齿，不宜食过多。牙痛者忌食，糖尿病人亦忌。另外，胃及十二指肠溃疡或胃酸过多患者忌用。

05 桃子香瓜汁

清热消暑、补益气血

夏季

功效

桃子性温，有养阴生津，润燥活血的功效。

香瓜是夏季消暑瓜果，富含维生素C，矿物质、芳香物质，对人体心脏、肝脏及肠道活动均有好处。

材料

桃子	1个
香瓜	200克
柠檬	1个
饮用水	200毫升
冰块	适量

做法

❶ 柠檬洗净切片；香瓜去皮，去籽，切块；桃子洗净去皮、核，切成块状备用；

❷ 将桃子、香瓜、柠檬放入榨汁机，加入饮用水一起榨汁；

❸ 将果汁倒入玻璃杯内，加入冰块即可。

营养师提醒：

此果汁可以依个人的口味和爱好，加入盐或蜂蜜调味。

06 香瓜生菜汁

健胃清肠

材料

生菜	2片
香瓜	3片
饮用水	200毫升

做法

❶ 香瓜去皮，去籽，切块；生菜洗净切碎；

❷ 将切好的香瓜和生菜放入榨汁机，加入饮用水一起榨汁。

营养师提醒：

此款果汁能够健胃清肠。

功效

　　香瓜含碳水化合物及柠檬酸等，可生津解渴、消烦除燥。

　　生菜的纤维和维生素C比白菜多，常吃生菜有瘦身美容的作用。生菜榨汁能够直接吸收其营养，畅清肠道。

07 哈密瓜木瓜汁

消肿利尿、健胃消食

功效

　　哈密瓜性寒味甘，含蛋白质、膳食纤维、胡萝卜素、果胶、碳水化合物、维生素 A、维生素 B、维生素 C、磷、钠、钾等。木瓜能健脾消食，益胃养血，催乳通乳。

夏季

材料

哈密瓜 ——————————	2 片
木瓜 ———————————	半个
蜂蜜 ———————————	适量
饮用水 ——————————	200 毫升

哈密瓜

木瓜

蜂蜜

饮用水

做法

❶ 将哈密瓜、木瓜去皮去瓤后切成块状；

❷ 将切好的哈密瓜、木瓜倒入榨汁机中，加入饮用水一起榨汁；

❸ 在榨好的果汁内加入适量的蜂蜜搅匀即可。

营养师提醒：

木瓜富含多种氨基酸及钙、铁等，半个中等大小的木瓜足可供给人整天所需的维生素 C。

08 哈密瓜酸奶

清凉消暑、生津止渴

夏季

功效

哈密瓜的果肉有利小便、止渴、除烦热、防暑气、抗癌等作用。如身心疲倦，心神焦躁不安，或是口臭者食之，能清热解燥。哈密瓜酸奶味道酸甜，令人心情愉快，有清凉消暑、除烦热、生津止渴美容养颜的功效。

材料

哈密瓜 2片
酸奶 200毫升

做法

❶ 将哈密瓜去皮后切成块状；
❷ 将切好的哈密瓜和酸奶一起倒入榨汁机中榨汁。

营养师提醒：

此款果汁尤其适于儿童厌食症。

香蕉哈密瓜奶汁

清热解暑、助消化

材料

哈密瓜	2片
香蕉	2根
脱脂鲜奶	200毫升

做法

❶ 将哈密瓜去皮去瓤后切成块状，香蕉洗净去皮以及果肉上果络切成丁；

❷ 将切好的哈密瓜和香蕉倒入榨汁机中，加入牛奶一起榨汁。

营养师提醒：

此款蔬果汁能助消化、清热解暑、抗疲劳等功效。

功效

香蕉含有糖类、蛋白质、脂肪、维生素 A 等营养成分，有促进食欲、助消化、令人心情愉快的功效。哈密瓜含蛋白质、膳食纤维、胡萝卜素、果胶、糖类、维生素 A 等营养成分，有抗疲劳的功效。

⑩ 香蕉蜜桃牛奶果汁

消肿利尿、预防贫血

夏季

功效

香蕉中含有丰富的钾离子能抑制钠离子，维持体内的钠钾平衡，从而能减少中风的概率。香蕉特有的香味可以缓解压力过大造成的不良情绪，还有醒脑提神的功效。

蜜桃有补益气血、养阴生津的作用，可用于大病之后气血亏虚、面黄肌瘦、心悸气短者。桃子含有丰富的维生素和矿物质，其中含铁量很高，是缺铁性贫血病人的理想食物。

此款果汁有预防便秘、舒缓情绪的作用。

材料

香蕉 ———————————————————— 1个
蜜桃 ———————————————————— 1个
牛奶 ——————————————— 200 毫升

　香蕉

　蜜桃

　牛奶

做法

❶ 剥去香蕉外皮和果肉上的果络，切成块状，将蜜桃洗净去核切成块；
❷ 将所有食材放入榨汁机，加入饮用水榨汁。

营养师提醒：

孕妇能吃桃子，但不可多吃，因为孕妇在怀孕期间，由于体内激素的变化，体内偏温燥，而桃子也属于温性水果，孕妇吃多了会加重燥热，造成胎动不安，可能会引起流产。

11 蜜桃汁

消脂瘦身、改善肌肤暗沉

功效

桃子味甘、酸、性温，有生津润肠、活血消积、丰肌美肤作用。可用于强身健体、益肤悦色。

此款果汁有助于消脂瘦身，改善肌肤暗沉。

材料

蜜桃		2个
饮用水		200毫升

做法

❶ 将蜜桃洗净去核，切成块状；

❷ 将切好的蜜桃放入榨汁机，加入饮用水榨汁。

营养师提醒：

内热偏盛、易生疮疖及糖尿病患者不宜多吃，婴儿、孕妇、月经过多者忌饮。

⑫ 西瓜蜜桃蜂蜜汁

润肺止咳、清热解暑

材料

西瓜	2片
香瓜	1个
蜜桃	1个
蜂蜜	适量
柠檬汁	适量
饮用水	200毫升

做法

❶ 将西瓜、香瓜洗净去皮去籽，切成块状；蜜桃去皮去核，切成块状；

❷ 将切好的西瓜、香瓜、蜜桃一起放入榨汁机榨汁；

❸ 将榨好的果汁倒入玻璃杯内，加入适量的蜂蜜和柠檬汁搅匀即可。

营养师提醒：

糖尿病患者不宜饮用此果汁。

功效

西瓜含有蛋白质、脂肪、果糖、苹果酸、瓜氨酸、谷氨酸等，能清热解暑、润肺止咳。

桃子有生津解渴、润肺止咳的功效。

蜂蜜不仅是一种天然滋养食品，也是一种最常用的滋补品，具有滋养、润燥、解毒的功效。

此款果汁能够润肺止咳、清热解暑。

13 桃子蜂蜜牛奶果汁

清热排毒、润肤养颜

夏季

功效

桃子所含的果酸具有保湿功效，可以清除毛孔中的污垢，防止色素沉着。另外，桃子中还含有大量的B族维生素和维生素C，能够使面部肤色健康、红润。蜂蜜是一种天然滋补品，具有滋养、润燥、解毒的功效。

此款果汁能够排出毒素，润肤美颜。

材料

桃	2个
蜂蜜	适量
牛奶	200毫升

做法：

❶ 将哈密瓜去皮后切成块状；

❷ 将切好的哈密瓜和酸奶一起倒入榨汁机中榨汁。

❸ 将榨好的果汁倒入玻璃杯内，加入适量的蜂蜜搅匀即可。

营养师提醒：

桃子虽好，也不能吃得太多，太多会令人生热上火。

⑭ 芒果蜜桃汁

清热排毒

材料

芒果	1个
蜜桃	2个
饮用水	200毫升

做法

❶ 将芒果去皮去核，切成块状；将蜜桃洗净去核，切成块状；

❷ 将切好的芒果和蜜桃放入榨汁机，加入饮用水榨汁。

营养师提醒：

饱饭后不可食用芒果，不可以与大蒜等辛辣物质共同食用，否则，可以使人患黄病。

功效

芒果汁能增加胃肠蠕动，使粪便在结肠内停留时间缩短，因此吃芒果对防治结肠癌很有裨益。

蜜桃中的一些营养成分具有深层滋润和紧实肌肤的作用，使肌肤润泽有弹性而且能增进皮肤抵抗力。同时蜜桃还能给予头发高度保温和滋润。多吃蜜桃可以解决因体内毒素堆积所引发的肥胖。

此款果汁能够清热解毒。

15 # 火龙果柠檬芹菜汁

补血养颜、改善贫血

夏季

功效

　　火龙果含有一般水果少有的植物性白蛋白及花青素，丰富的维生素和水溶性膳食纤维，能美白皮肤、补血养颜。柠檬含有丰富的维生素C、糖类等，可以抗衰老。火龙果与柠檬合榨汁，有补血养颜的功效，可改善贫血。

材料

火龙果	1个
柠檬	半个
芹菜	两棵
优酪乳	200毫升

火龙果

优酪乳

柠檬

芹菜

做法

❶ 将火龙果去皮，将果肉切成块状；将柠檬洗净去皮切成块；芹菜洗净切小段；

❷ 将将所有食材放入榨汁机，加入优酪乳榨汁。

营养师提醒：

胃溃疡患者不宜饮用此款果汁。

16 火龙果汁

美容护肤、抗衰老

功效

火龙果含有的植物蛋白进入人体后，可以与体内的重金属离子结合并排出体外，具有解毒作用。同时，这种植物蛋白对胃壁也有保护作用。火龙果还具有抗自由基、防老年病变、瘦身、防大肠癌等功效。

材料

火龙果	1个
饮用水	200毫升

做法

❶ 将火龙果去皮，将果肉切成块状；

❷ 将切好的火龙果放入榨汁机，加入水榨汁。

营养师提醒：

红瓤火龙果中花青素含量最高，抗氧化、抗自由基、抗衰老的作用更强，最宜选用。

⑰ 火龙果菠萝汁

美容养颜、抗衰老

材料

火龙果	1个
菠萝片	2片
饮用水	200毫升

做法

❶ 将火龙果去皮，将果肉切成块状；将菠萝洗净去皮切成块状；

❷ 将所有食材放入榨汁机，加入水榨汁。

营养师提醒：

菠萝还具有解暑止渴的功效，是夏季药食兼优的时令佳果。

功效

火龙果富含B族维生素、维生素C、胡萝卜素、花青素、及水溶性膳食纤维、多种矿物质和一般植物少有的植物性白蛋白等成分，具有很高的营养价值，有清热健脾、美容养颜的功效。

菠萝富含维生素B_1，能促进新陈代谢，消除疲劳感，丰富的膳食纤维，还有助于消化和养颜美容。

18 番茄芒果汁

瘦身减肥、预防疾病

功效

番茄含有丰富的维生素、钙、磷、胡萝卜素等营养成分，有助于降低血液中胆固醇含量。芒果含有粗纤维、矿物质等营养成分，有润肠通便的功效。常饮此款果汁，可瘦身减肥、预防疾病。

材料

芒果	1个
番茄	1个
蜂蜜	少许
饮用水	200毫升

做法

❶ 将芒果去皮去核，切成块状；将番茄洗净，切成块状；

❷ 将切好的芒果和番茄放入榨汁机，加入饮用水榨汁；

❷ 将榨好的果汁倒入玻璃杯，加入适量蜂蜜，搅匀即可。

营养师提醒：

对芒果过敏者不宜饮用此款蔬果汁。

19 芒果柚子汁

清热祛痰、健脾养肺

材料

芒果	1个
柚子	1个
饮用水	200毫升

做法

❶ 将芒果去皮去核，切成块状；将柚子去皮去核，切成块状；

❷ 将切好的芒果和柚子放入榨汁机，加入饮用水榨汁。

营养师提醒：

皮肤病、肿瘤、糖尿病、过敏患者不宜食用。

功效

芒果汁能增加胃肠蠕动，使粪便在结肠内停留时间缩短，因此吃芒果对防治结肠癌很有裨益。芒果有止咳的功效，对咳嗽、痰多、气喘等症有辅助治疗作用。柚子果肉性寒味甘酸，有清热化痰、止咳平喘、解酒除烦、健脾消食的功效。

此款果汁有清热祛痰、健脾养肺的功效。

⑳ 猕猴桃西蓝花菠萝汁

抗氧化、美白皮肤

功效

猕猴桃是所有水果中维生素 C 含量最高的。维生素 C 对于美容养颜、防止雀斑、黑斑、延缓衰老都非常有益。

西蓝花含蛋白质、碳水化合物、维生素和胡萝卜素，营养成分位居同类蔬菜之首。西蓝花能增强皮肤的抗损伤能力、有助于保持皮肤弹性。

菠萝中丰富的 B 族维生素能有效地滋养肌肤、防止皮肤干裂，滋润头发的光亮，同时也可以消除身体的紧张感和增强机体的免疫力，经常饮用其新鲜的果汁有助于预防和消除老人斑。

此款果汁能够抗氧化，美白皮肤。

材料

西蓝花	2朵
猕猴桃	2个
菠萝片	2片
饮用水	200毫升

西兰花

弥猴桃

菠萝

饮用水

做法

❶ 将菠萝洗净切成小块；猕猴桃去皮，挖出果肉切成块状；西蓝花洗净在沸水中焯一下，切碎；

❷ 将切好的猕猴桃和菠萝、西蓝花放入榨汁机，加入饮用水一起榨汁。

营养师提醒：

菠萝中的苷类是有害成分，它是一种有机物，对人的皮肤、口腔黏膜有一定的刺激性。所以吃了未经处理的菠萝后口腔会觉得发痒，但对健康尚无直接危害。因此，菠萝一次不宜食用过多。

㉑ 猕猴桃汁

增强免疫力、抑制肿瘤诱变

夏季

功效

猕猴桃是所有水果中维生素C含量最高的，其所含的谷胱甘肽，有抑制癌症细胞突变的作用。猕猴桃有清热生津、活血行水之功，还能促进肠胃蠕动，防止便秘，清除体内有害代谢废物，起到美容嫩肤的作用。

此款果汁能够增强免疫力，抑制肿瘤诱变。

材料

猕猴桃	2个
饮用水	200毫升

做法

❶ 剥去猕猴桃表皮并切成块状；

❷ 将切好的猕猴桃放入榨汁机，加入饮用水榨汁。

营养师提醒：

猕猴桃价值极高，被誉为水果之王。

22 猕猴桃柳橙酸奶

止咳平喘、增强免疫力

材料

猕猴桃	2个
柳橙	1个
酸奶	200毫升
冰块	少许

做法

❶ 剥去猕猴桃表皮并切成块状；将柳橙去皮，切成块状；

❷ 将切好的猕猴桃、柳橙放入榨汁机，加入饮用水榨汁；

❸ 在榨好的果汁内加入冰块即可。

营养师提醒：

加入蜂蜜味道会更好。

功效

　　猕猴桃被誉为"维C之王"，含有丰富的维生素，矿物质等营养素，具有清热利尿，健脾止泻，生津止渴的功效。

　　柳橙的营养成分中有丰富的膳食纤维，维生素A、B族维生素、维生素C、磷、苹果酸等，能降低有害胆固醇。此款果汁适合于感冒咳嗽、哮喘症状。

㉓ 荔枝柠檬汁

清热化痰、补心安神

夏季

功效

荔枝果肉晶莹如凝脂，营养丰富，具有补脾益肝、理气补血、温中止痛、补心安神的功效；能明显改善失眠、健忘、神经疲劳等症状。

柠檬含有丰富的维生素C，具有抗菌、提高免疫力的功效。柠檬还有开胃消食、生津止渴及解暑的功效。此款果汁具有清热化痰、补心安神等功效。

材料

荔枝	10 颗
柠檬	2 片
饮用水	200 毫升

做法

❶ 将荔枝洗净去皮去核，取出果肉；柠檬洗净切成片；

❷ 将所有食材放入榨汁机，加入水榨汁。

营养师提醒：

荔枝含糖多，糖尿病患者不宜食用。荔枝不宜多吃，否则会上火，甚至会引起腹泻。

香蕉荔枝哈密瓜汁

淡化色斑、延缓衰老

材料

香蕉	2 根
荔枝	5 颗
哈密瓜	2 片
饮用水	200 毫升

做法

❶ 将香蕉去皮，切块；哈密瓜洗净去皮去瓤切成块状；荔枝洗净去皮去核，取出果肉；

❷ 将所有食材放入榨汁机，加入牛奶榨汁。

营养师提醒：

由于香蕉很容易搅碎，所以制作过程中可以不切直接使用。

功效

　　香蕉能吸附人体内毒素使之排出体外，有抑制黑色素形成的作用。荔枝能够补养气血。哈密瓜含蛋白质、膳食纤维、胡萝卜素等，有消除皮肤色素积沉的功效。牛奶中含有优质蛋白质及维生素，可以对皮肤产生美容效果。常饮此款果汁，能淡化色斑、延缓衰老。

25 菠萝苦瓜猕猴桃汁

促消化、养颜排毒

功效

菠萝中丰富的B族维生素能有效地滋养肌肤、防止皮肤干裂，滋润头发的光亮，同时也可以消除身体的紧张感和增强机体的免疫力。

苦瓜具有清热消暑、养血益气、补肾健脾、滋肝明目的功效，对缓解痢疾、疮肿、中暑发热、痱子过多、结膜炎等病有一定的作用。

猕猴桃是所有水果中维生素C含量最高的，维生素C对于美容养颜、防止雀斑、黑斑、延缓衰老都非常有益。

此款果汁富含维生素C和膳食纤维，能促进消化、养颜排毒，使肌肤保持亮泽。

夏季

材料

苦瓜	半个
猕猴桃	2个
菠萝片	2片
蜂蜜	少许
饮用水	200毫升

苦瓜

饮用水

弥猴桃

蜂蜜

菠萝

做法

❶ 将菠萝洗净切成小块，放盐水中浸泡10分钟；猕猴桃去皮，挖出果肉切成块状；苦瓜洗净去瓤，切成块状；

❷ 将切好的猕猴桃和菠萝、苦瓜放入榨汁机，加入饮用水一起榨汁；

❸ 在榨好的果汁中放入适量蜂蜜搅匀调味即可。

营养师提醒：

榨汁最有利于苦瓜中的营养物质的吸收，减肥效果也较好。

26 木瓜菠萝汁

缓解头晕、增强免疫力

夏季

功效

　　木瓜含有胡萝卜素和丰富的维生素C，它们有很强的抗氧化能力，可帮助机体修复组织，增强人体免疫力。木瓜中维生素C的含量非常高，能促进肌肤代谢，帮助溶解毛孔中的脂肪和老化的角质，让肌肤显得更清新白皙。

　　菠萝成分中的酸丁酯，具有刺激睡液分泌及促进食欲的功效。此外，菠萝中的糖分能够迅速补充身体所需的能量。

　　此款果汁能够缓解晕病症状。

材料

木瓜	半个
菠萝片	2 片
饮用水	200 毫升

做法

① 将木瓜洗净去皮去瓤，切成块状；菠萝去皮洗净，切成块状；
② 将所有食材放入榨汁机，加入饮用水榨汁。

营养师提醒：

　　菠萝虽然好吃，但其酸味强劲具有凉身的作用，因此并非人人适宜。患低血压、内脏下垂的人应尽量少吃菠萝，以免加重病情。

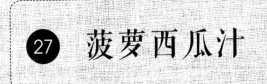

㉗ 菠萝西瓜汁

健脾开胃、消除疲劳

材料

菠萝 —————————————— 2片
西瓜 —————————————— 2片
饮用水 ————————————— 200毫升

做法

❶ 将菠萝洗净切成丁用盐水浸泡10分钟；将西瓜去籽，切成块状；
❷ 将准备好的菠萝、西瓜放入榨汁机内，倒入饮用水榨汁。

营养师提醒：

肾功能出现问题的病人吃了太多的西瓜，会因摄入过多水份又不能及时排出，造成水分在体内储存过久，血容量增多，容易诱发急性心力衰竭，因此不宜多喝。

功效

　　菠萝果肉甜中带酸，吃起来爽口多汁，有强烈的芳香气味，也可以增进食欲。菠萝尤其适合于长期食用肉类及油腻食物的人群。菠萝的芳香和酸味用来入菜，能消除疲劳。

　　此款蔬果汁对于健脾开胃有很好的效果。

28 香蕉菠萝汁

排毒通便、增强食欲

功效

　　香蕉味甘性寒，可清热润肠，促进肠胃蠕动。香蕉中含有一种能预防胃溃疡的化学物质，能刺激胃黏膜细胞的生长和繁殖，产生更多的黏膜来保护胃。

　　菠萝所含的菠萝朊酶，能分解蛋白质。在食用肉类或油腻食物后，吃些菠萝对身体大有好处。

　　此款果汁能够排毒通便，增强食欲。

夏季

材料

香蕉 ————————————————————— 1个
菠萝 ————————————————————— 2片
饮用水 ———————————————————— 200毫升

 香蕉

 菠萝

 饮用水

做法

❶ 剥去香蕉皮和果肉上的果络，切成块状；
❷ 将菠萝洗净切成块状，放入盐水里浸泡；
❸ 将所有食材放入榨汁机，加入饮用水榨汁。

营养师提醒：

香蕉皮有催熟作用，可以和要催熟的水果放在一起，很快就可以吃到熟的水果了。如：芒果、猕猴桃等。

㉙ 香蕉牛奶汁

解酒美白、强身健体

功效

　　香蕉中的钾离子成分可以降低中风危险。高血压患者体内往往"钠"多而"钾"少，香蕉中含有丰富的钾离子能抑制钠离子，维持体内的钠钾平衡，从而能减少中风的概率。常饮牛奶也可减少中风风险；牛奶中所含的微量元素对于解酒也有一定功效。

材料

香蕉	1个
牛奶	200毫升

做法

❶ 剥掉香蕉的皮和果肉上的果络，切成块状；

❷ 将切好的香蕉和牛奶一起放入榨汁机榨汁。

营养师提醒：

许多人习惯早餐只喝一杯牛奶，不吃别的东西，这是错误的生活方式。因为牛奶更多的成分是水，进入胃肠道后一方面稀释了胃液，不利于营养吸收；另一方面，牛奶在肠道内停留时间很短，不利于多种营养的充分吸收。

夏季

30 香蕉番茄汁

止咳平喘、增强免疫力

材料

香蕉	1根
番茄	1个
柠檬	2片
饮用水	200毫升

做法

❶ 剥掉香蕉的皮和果肉上的果络，切成块状；番茄洗净用刀在表面上划几道口子，放入沸水中浸泡10秒，剥去表皮切成块状；柠檬洗净切成块状；

❷ 将切好的香蕉、番茄、柠檬放入榨汁机，再加入饮用水一起榨汁。

营养师提醒：

番茄不易空腹食用。

功效

香蕉可以为身体迅速补充能量，并具有保护胃黏膜、降血压、润肠道等作用。香蕉中所含的血清素、去甲肾上腺素、多巴胺都是脑中的神经传导物质，可以抗忧郁、振奋精神。

柠檬清新香甜，带有新鲜又强劲的轻快干净的香味，是柑橘类解毒、除臭功效最好的一种。

香蕉中含有血管紧张素转化酶抑制物质，可抑制血压升高。

◎秋季蔬果汁

秋，增酸，养肺——秋季天气渐凉，多秋风秋雨，景物萧条。因夏日人体津液耗损过多，往往出现精神不振，郁郁寡欢等症候。中医营养学认为，秋季饮食应以"多酸"，多食"滋阴润肺"之物为基本原则。

适宜蔬果：秋葵、莲藕、冬瓜、山药、百合、葡萄、山楂、梨子、柚子、石榴、苹果、冬枣。

01 胡萝卜梨汁

清热消肿、降低血压

功效

胡萝卜中含有植物纤维，具有很强的吸水性，在肠道中体积容易膨胀，是肠道中"充盈物质"，能够加强肠道的蠕动，从而利膈宽肠，通便防癌。胡萝卜中还有降糖物质，所以胡萝卜是糖尿病患者的良好食品，其所含的某些成分，如槲皮素、山标酚能降低心脂，促进肾上腺素的合成，同时还具有降压、强心的作用，是高血压、冠心病患者的食疗良品。梨性甘酸而平、无毒，具有生津止渴、益脾止泻、和胃降逆的功效。梨中含有丰富的B族维生素，能保护心脏，减轻疲劳，增强心肌活力，降低血压。梨还可以清热降火，保养咽喉。此款果汁能够降压强心、减缓疲劳。

材料

胡萝卜 ———————————————— 半根
梨 ———————————————————— 1个
饮用水 ——————————————— 200毫升

胡萝卜

梨

饮用水

做法

❶ 将胡萝卜洗净去皮，切成块状；梨洗净去核，切成块状；

❷ 将所有食材放入榨汁机，加入水榨汁。

营养师提醒：

慢性肠炎、胃寒病、糖尿病患者不易过多饮用胡萝卜梨汁。

02 雪梨苹果汁

生津润澡、清热解毒

功效

梨性甘酸而平、无毒，具有生津止渴、益脾止泻、和胃降逆的功效。梨中含有丰富的B族维生素，能保护肝脏，减轻疲劳，增强心肌活力，降低血压。饭后喝杯梨汁，能促进胃肠蠕动，预防便秘。梨还可以清热降火，保养咽喉。

此款果汁能够生津润燥、清热解毒。

材料

雪梨	1个
苹果	1个
饮用水	200毫升

做法

❶ 将雪梨、苹果洗净去核，切成块状；

❷ 将切好的雪梨、苹果放入榨汁机，加入水榨汁。

营养师提醒：

梨性偏寒助湿，多吃会伤脾胃，帮脾胃虚寒、畏冷食者应少饮。

03 雪梨汁

清热降火、缓解咳嗽症状

材料

雪梨	2个
饮用水	200毫升

做法

❶ 将雪梨洗净去核，切成块状；

❷ 将切好的雪梨放入榨汁机，加入水榨汁。

营养师提醒：

苹果氧化变色但营养成分未减，吃了并无危害。

功效

　　梨性甘酸而平、无毒，具有生津止渴、益脾止泻、和胃降逆的功效。梨中含有丰富的B族维生素，能保护肝脏，减轻疲劳，增强心肌活力，降低血压。饭后喝杯梨汁，能促进胃肠蠕动，使积存在体内的有害物质大量排出，避免便秘。梨还可以清热降火，保养咽喉。

　　苹果中含有丰富的酸性物质，能够增强人体的免疫细胞功能，从而起到预防流感的作用。多吃苹果还能改善呼吸和消化系统的功能，还能清除肺部的垃圾，净化人体的环境。

　　此款果汁能够缓解咳嗽症状。

04 雪梨香瓜生菜汁

清热解毒、调理肠胃

功效

雪梨富含维生素和矿物质，有清热生津、润肺止咳的功效。因贫血而显得苍白的人，多吃梨可以让你脸色红润。吃梨还对肠炎、甲状腺肿大、便秘、厌食、消化不良、贫血等引起的疾病有一定疗效。

香瓜营养丰富，对人体肝脏及肠胃活动十分有益。

秋季

材料

雪梨	1个
香瓜	2片
生菜	1片
饮用水	200毫升

做法

❶ 将雪梨洗净去核切成块状；香瓜洗净去籽去瓤，切成块状；生菜洗净撕碎；

❷ 将所有食材放入榨汁机，加入水榨汁。

营养师提醒：

这款蔬果汁能够调理肠胃，清热止渴。

05 雪梨菠萝汁

瘦身养颜、延缓衰老

材料

雪梨	1个
菠萝	1片
饮用水	200毫升

做法

❶ 将雪梨洗净去核切成块状；菠萝洗净切成块状；

❷ 将所有食材放入榨汁机，加入水榨汁。

营养师提醒：

这款蔬果汁能够瘦身养颜、美白肌肤，延缓衰老。

功效

雪梨是一种低热量而高营养的水果，并且富含维生素C。另外，雪梨含有丰富的纤维，可以帮助肠胃减少对脂肪的吸收，增加饱腹感，从而起到减肥的作用。

菠萝含有丰富的维生素C，能够起到抗氧化、美白肌肤的作用。

06 # 玉米葡萄豆浆

助消化、增强食欲

功效

玉米含有丰富的不饱和脂肪酸、维生素、微量元素和氨基酸等营养成分。玉米中的不饱和脂肪酸，尤其是亚油酸的含量高达60%以上，它和玉米胚芽中的维生素E协同作用，可降低血液胆固醇浓度，并防止其沉积于血管壁，因此，玉米适合肝硬化、脂肪肝患者食用；葡萄富含维生素、矿物质、微量元素及多种具有生理功能的物质，能快速补充电解质，具有缓解疲劳、抗癌抗衰老等作用。葡萄中的果酸还能帮助消化、增进食欲。

秋季

材料

玉米	30 克
葡萄	8 颗
黄豆	100 克
砂糖	少许
饮用水	200 毫升

 玉米　　 葡萄

 黄豆　　 砂糖　　 饮用水

做法

❶ 玉米粒洗净备用；葡萄洗净去皮去籽，取出果肉；黄豆浸泡 10 小时，洗净；

❷ 将准备好的玉米粒、葡萄、黄豆放入豆浆机，加入饮用水打豆浆，烧沸后滤出豆浆加砂糖搅匀即可。

营养师提醒：

糖尿病患者不宜饮用此豆浆。

07 葡萄圆白菜汁

改善和预防亚健康

功效

　　葡萄可缓解气血虚弱、肺虚咳嗽、心悸盗汗、风湿痹痛等症。圆白菜的第一大功效是能提高人体免疫力，可预防感冒，第二功效是有较强的抗氧化、防衰老作用。对于饮食不规律、饮食结构不科学的上班族来说，食用圆白菜还能够保护肠胃健康。

　　此款蔬果汁能够改善和预防亚健康。

秋季

材料

葡萄	10 颗
圆白菜	2 片
饮用水	200 毫升

做法

❶ 将圆白菜洗净切碎；葡萄去皮去籽，取出果肉；

❷ 将准备好的葡萄、圆白菜放入榨汁机，加入饮用水榨汁。

营养师提醒：

圆白菜的药用效果往往依其外观、产地而有所不同。未完全成熟、叶形舒展的嫩株抗氧化效果最佳。

08 黄瓜葡萄香蕉汁

增强食欲、消暑去燥

材料

黄瓜	1根
香蕉	1根
葡萄	8颗
柠檬	2片
饮用水	200毫升

做法

❶ 将黄瓜洗净，切成块状；葡萄去皮去籽，取出果肉；

❷ 将香蕉去皮，撕掉果肉上的果络，切成适当大小；

❸ 将准备好的黄瓜、葡萄、香蕉放入榨汁机，加入饮用水榨汁。

营养师提醒：

生香蕉的涩味来自于香蕉中含有的大量鞣酸。鞣酸具有较强的收敛作用，可以将粪便结成干硬形状，从而造成便秘。最典型的是老人、孩子大量食用生香蕉之后，不但不能通便润肠，还有可能导致便秘。

功效

黄瓜具有清热利水、解毒消肿、生津止渴功效，对胸热、水肿等有独特的功效。

香蕉能够快速补充能量，其中的糖分可迅速转化为葡萄糖，立即被人体吸收，是一种快速的能量来源。香蕉中富含的镁还具有消除疲劳的效果。香蕉可当早餐、减肥食品，因为香蕉几乎含有所有的维生素和矿物质，因此从香蕉中可以很容易地摄取各式各样的营养素。

09 番茄葡萄苹果饮

保护心血管

功效

番茄含有丰富的胡萝卜素，具有美容养颜、补血养血的功效。葡萄具有缓解疲劳、抗癌、抗衰老的功效，研究还发现葡萄具有很强的抗凝能力，能更有效地阻止血栓形成，预防心血管疾病。苹果富含维生素C和膳食纤维，能促进消化，减肥美容。

秋季

材料

葡萄	10 颗
苹果	1 个
番茄	1 个
蜂蜜	适量
饮用水	200 毫升

做法

❶ 将葡萄去皮去籽，取出果肉；苹果洗净去核切成丁；番茄洗净切成块；

❷ 将准备好的葡萄、苹果、番茄一起放入榨汁机，加入饮用水榨汁；

❸ 将打好的果汁倒入玻璃杯内，加入适量蜂蜜搅匀即可。

营养师提醒：

此款蔬果汁能够有效保护心血管健康。

⑩ 白菜柠檬葡萄汁

润肺止咳、抗坏血病

材料

白菜	2 片
柠檬	2 片
葡萄	10 颗
饮用水	200 毫升

做法

❶ 将白菜洗净切碎；葡萄去皮去籽，取出果肉；柠檬洗净，将皮削下备用，果肉切成块；

❷ 将准备好的葡萄、白菜、柠檬果肉、柠檬皮一起放入榨汁机，加入饮用水榨汁。

营养师提醒:

有胃溃疡症状的患者不宜饮用此果汁。

功效

　　白菜含有丰富的维生素 C、维生素 E、粗纤维等营养成分，有润肺止咳、润肠通便的功效。柠檬富含维生素 C、糖类、钙、磷、铁等营养成分，有润肺止咳、预防感冒、抗坏血病的功效。

　　葡萄富含维生素 C、矿物质、类黄酮、白藜芦醇等物质，具有补气血、抗癌抗衰老的功效。

　　此款蔬果汁能够有效防治咳嗽。

93

⑪ 石榴香蕉山楂汁

清热化痰、补心安神

功效

石榴性温，味甘或酸，具有生津止渴、涩肠止泻、杀虫止痢的功效。石榴含有石榴酸等多种有机酸，能帮助消化吸收，增进食欲；石榴还富含维生素C和胡萝卜素等抗氧化剂，可防止细胞癌变，能预防动脉粥样硬化。香蕉味甘性寒，可清热润肠，促进肠胃蠕动。香蕉中含有一种能预防胃溃疡的化学物质，能刺激胃黏膜细胞的生长和繁殖，产生更多的黏膜来保护胃。山楂具有健脾开胃、消食化滞的功效。

常饮用此果汁能够有效地缓解腹泻、痢疾。

材料

石榴	2个
香蕉	1根
无核山楂	4个
饮用水	200毫升

做法

❶ 将石榴洗净剥开，取出果肉；香蕉去皮切成块状；山楂洗净切成片；
❷ 将准备好的石榴、香蕉、山楂一起放入榨汁机，加入饮用水榨汁。

营养师提醒：

石榴酸涩有收敛作用，感冒及急性盆腔炎、尿道炎等患者慎食；大便秘结者应忌食；多食石榴会伤肺损齿。

⑫ 葡萄石榴汁

开脾健胃、防止脱发

材料

葡萄	15 颗
石榴	2 个
葡萄酒	50 毫升
饮用水	200 毫升

做法

❶ 葡萄洗净去皮去籽，取出果肉；将石榴剥开，取出果肉；

❷ 将准备好的葡萄、石榴一起放入榨汁机，加入饮用水榨汁；

❸ 在榨好的果汁内加入葡萄酒（不宜放太多）搅匀即可。

营养师提醒：

此款果汁具有开脾健胃、防止脱发的功效。

功效

葡萄酒含有葡萄酸、柠檬酸、苹果酸等营养成分，能够有效地调节神经中枢、舒筋活血，防止脱发。葡萄含有糖类、蛋白质、脂肪、维生素等营养成分，有舒筋活血、开脾健胃、助消化的功效。

常饮用此果汁，能防止脱发。

13 # 芒果柚子汁

清热祛痰、养肺平喘

功效

　　芒果中含有芒果苷，有明显的抗脂质过氧化和保护脑神经元的作用，能延缓细胞衰老、提高脑功能。它还有祛痰止咳的功效，对咳嗽痰多、气喘等症有辅助治疗作用。柚子果肉性寒，味甘、酸，有止咳平喘、清热化痰、健脾消食、解暑除烦的医疗作用；此款果汁具有清热祛痰、养肺平喘的功效。

秋季

材料

芒果	1个
柚子	半个
蜂蜜	适量
饮用水	200毫升

芒果

柚子

蜂蜜

饮用水

做法

❶ 将柚子去皮切成块，芒果洗净去皮去核切成块状；

❷ 将所有食材放入榨汁机，加入饮用水榨汁；

❸ 在榨好的果汁内加入少许蜂蜜搅匀即可。

营养师提醒：

一次性食柚不宜过多。脾胃虚寒及妇女经期和寒性痛经者不宜食用。

⑭ 苹果葡萄柚汁

清热解暑、止咳除烦

功效

柚子果肉性寒，味甘、酸，有止咳平喘、清热化痰、健脾消食、解暑除烦的医疗作用；此款果汁具有清凉舒爽、解暑止咳的功效。

秋季

材料

葡萄柚	1个
苹果	半个
蜂蜜	适量
饮用水	200毫升

做法

❶ 将葡萄柚去皮去籽切成块，苹果洗净切成块状；

❷ 将所有食材放入榨汁机，加入水榨汁；

❸ 在榨好的果汁内加入少许蜂蜜搅匀即可。

营养师提醒：

和其他水果相比，苹果可提供的脂肪可忽略不计，它几乎不含蛋白质，提供的热量也很少，而且它含有丰富的苹果酸，能使积蓄在体内的脂肪有效分散，从而防止体态过胖。

⑮ 葡萄柚菠萝汁

健胃消食、清胃解渴

材料

葡萄柚	2片
菠萝	2片
饮用水	200毫升

做法

❶ 将葡萄柚去皮去子切成块，菠萝去皮洗净切成块状；

❷ 将所有食材放入榨汁机，加入水榨汁。

营养师提醒：

菠萝一次不宜食用过多，以免出现"上火"现象。

功效

　　葡萄柚果肉性寒，味甘、酸，有止咳平喘、清热化痰、健脾消食、解暑除烦的功效；葡萄柚中的柠檬酸有助于肉类的消化，避免人体摄入过多的脂肪。菠萝有清热解暑、生津止渴的功效，可用于伤暑、身热烦渴、腹中痞闷、消化不良、水便不利、头昏眼花等症。此款果汁具有健胃消食、清胃解渴的功效。

⑯ 番茄山楂蜜汁

降低血压、防癌抗癌

功效

　　番茄中的番茄红素是抗氧化性最强的类胡萝卜素。类胡萝卜素具有抗癌抗衰老及祛斑等功效，因此番茄是美容佳蔬。

　　山楂富含胡萝卜素、钙、果酸、鸟素酸、山楂素等三萜类烯酸和黄酮类成分，能舒张血管，加强和调节心肌，增强冠状动脉血流量，降低血清胆固醇和降低血压。而且，山楂自古以来就具有健脾开胃、消食化滞的功效。

秋季

材料

番茄 ———————————————————— 1个
山楂 ———————————————————— 10个
蜂蜜 ———————————————————— 适量
饮用水 ——————————————————— 200毫升

番茄

山楂

蜂蜜

饮用水

做法

❶ 将番茄洗净，在沸水中浸泡10秒，剥去番茄表皮并切成块状；将山楂洗净，切下果肉；
❷ 将准备好的番茄和山楂放入榨汁机，加入饮用水榨汁；
❸ 在榨好的果汁内放入适量蜂蜜搅匀即可。

营养师提醒：

孕妇莫吃山楂，孕妇因早期妊娠反应，喜欢选择味道酸的水果，但不要选择山楂，因为山楂有破血散瘀的作用，能刺激子宫收缩，可能诱发流产。产后服用可促进子宫复原。

⑰ 胡萝卜苹果芹菜汁

改善亚健康、缓解疲劳

功效

多吃些富含维生素的蔬果如胡萝卜、苹果等，不仅可以使头脑清醒，缓解疲劳症状，还能够改善眼睛疲劳，提高注意力。

胡萝卜、苹果、芹菜均含有对眼睛有益的成分，三者结合榨汁喝，对于开车族、上班族和学生都有好处。

秋季

材料

胡萝卜	半根
苹果	1个
芹菜	半根
饮用水	200毫升

 胡萝卜

 苹果

 芹菜

 饮用水

做法

❶ 将胡萝卜洗净去皮，切成块状；将苹果洗净去核，切成块状；将芹菜洗净切成块状；

❷ 将准备好的胡萝卜、苹果、芹菜放入榨汁机，加入饮用水榨汁。

营养师提醒：

此款蔬果汁能够改善亚健康，缓解疲劳。

18 莲藕苹果柠檬汁

强身健体、增强免疫力

功效

莲藕有清热凉血、生津化淤的作用。饮用这款蔬果汁可改善感冒引起的发烧、喉咙痛。平时喝可以起到强身健体、增强机体免疫力的作用。

材料

莲藕	150 克
苹果	半个
柠檬	30 克
饮用水	200 毫升

做法

❶ 将莲藕洗干净，切成块状；将苹果洗净去皮去核，切成块；柠檬洗净切成片；

❷ 将准备好的莲藕、苹果、柠檬放入榨汁机，加入饮用水榨汁。

营养师提醒：

莲藕要选择表面光滑、整洁，断口的地方闻着有清香的为佳。

19 苹果橙子汁

消炎排毒、强化血管

材料

橙子	1个
苹果	1个
饮用水	200毫升

做法

❶ 将苹果洗净去核，切成块状；将橙子去皮，分开果肉；
❷ 将准备好的苹果、橙子放入榨汁机，加入饮用水榨汁。

营养师提醒：

此款蔬果汁能够充分地补充身体所需的维生素，对抗衰老。但橙子不宜食用太多。

功效

苹果中富含膳食纤维，可促进肠胃蠕动，协助人体顺利排出废物，减少有害物质对皮肤的伤害。苹果中含有大量的镁、硫、铁等微量元素，可使皮肤细腻。

一个中等大小的橙子可以提供给人一天所需的维生素 C，提高身体抵挡细菌侵害的能力。橙子能清除体内对健康有害的自由基，抑制肿瘤细胞的生长。所有的水果中，柑橘类所含的抗氧化物质最高，具有抗炎症、强化血管和抑制凝血的作用。

◎冬季蔬果汁

冬，增辣，养肾。冬日养生之要领在于避寒保暖，以维护阳气不外泄。食物的原则是散寒健脾，益气温中，疏通血脉，运行气血，强壮筋骨，增强身体的抵抗力。就食物的性味看，应适当增加"辣"类，也即带有刺激性食物的摄入。

适宜蔬果：白菜、卷心菜、洋葱、芹菜、萝卜、木瓜、百香果、橙子、冬枣、甘蔗、柿子。

01 荸荠甘蔗汁

清热生津、预防粉刺

功效

荸荠含有丰富的蛋白质、脂肪、维生素、铁、钙等，营养丰富，肉质洁白多汁、清甜可口，有清热生津、润肺化痰、消积除胀的功效。

甘蔗性平味甜，有生津止渴，润燥和中，解毒的功效。

冬季

材料

甘蔗	20 厘米长
荸荠	10 个
饮用水	200 毫升

 甘蔗

 荸荠

 饮用水

做法

❶ 将甘蔗去皮洗净切成块状；荸荠洗净去皮切成小块；

❷ 将准备好的甘蔗、荸荠放入榨汁机，加入饮用水榨汁。

营养师提醒：

购买甘蔗时要选择外皮颜色深、杆体粗壮的。

02 甘蔗汁

舒缓情绪

功效

甘蔗含有人体所需的多种营养物质，如蛋白质、脂肪、钙、磷、铁等。甘蔗的含铁量在各种水果中雄踞冠军宝座。甘蔗还有滋补清热的作用，作为清凉的补剂，对于低血糖、大便干结、小便不利、反胃呕吐、虚热咳嗽和高热烦渴等病症有一定的疗效，劳累过度或饥饿头晕的人，只要吃上两节甘蔗就会使精神重新振作起来。

此款蔬果汁能舒缓情绪，预防神经衰弱。

材料

甘蔗	30 厘米长
饮用水	200 毫升

冬季

做法

❶ 将甘蔗去皮洗净切成块状；
❷ 将准备好的甘蔗放入榨汁机，加入饮用水榨汁。

营养师提醒：

甘蔗汁性味甘平，自古即有"饮食不须愁内热，大官还有甘蔗浆寒"的佳句。

⓪③ 甘蔗生姜汁

除烦去燥、降逆止呕

材料

甘蔗 ·· 10 厘米长
生姜 ··· 2 片
饮用水 ··· 200 毫升

做法

① 将甘蔗去皮洗净切成块状；生姜洗净去皮，切成块状；

② 将准备好的甘蔗、生姜放入榨汁机，加入饮用水榨汁。

营养师提醒：

脾胃虚寒及糖尿病患者不宜食用。

功效

　　生姜性味辛微温，有化痰、止呕的功效，主要用于恶心呕吐及咳嗽痰多等症。生姜可刺激唾液、胃液和消化液的分泌，增加胃肠蠕动，增进食欲。

　　甘蔗性平，有清热下气、助脾健胃、利大小肠、止渴消痰、除烦解酒之功效，可改善心烦口渴、便秘、酒醉、口臭、肺热咳嗽、咽喉肿痛等症。

04 柿子苹果汁

清热去燥、改善晒后肌肤

功效

苹果营养丰富，素来享有"水果之王"的美誉，是美容佳品，既能减肥，也可使皮肤润滑柔嫩。苹果还含有大量的抗氧化物，能够防止自由基对细胞的伤害与胆固醇的氧化，是抗癌防衰老的佳品。

柿子性寒，味甘、涩，有清热去燥、润肺化痰的作用。所以，柿子是慢性支气管炎、高血压、动脉硬化、内外痔疮患者的天然保健食品。柿子营养价值也很高，含有丰富的蔗糖、葡萄糖、果糖、蛋白质、胡萝卜素、维生素C、瓜氨酸、碘、钙、磷、铁等。

此款果汁含有丰富的维生素，能抗老化，改善晒后肌肤。

冬季

材料

柿子	1个
苹果	1个
饮用水	200毫升

 柿子

 苹果

 饮用水

做法

❶ 将柿子洗净去蒂、去籽、去皮，切成块；苹果洗净去核切成块状；

❷ 将切好的柿子、苹果放入榨汁机，加入饮用水一起榨汁。

营养师提醒：

患有缺铁性贫血和正在服用铁剂的患者不能吃柿子。因为，柿子含有的一种物质会妨碍铁的吸收。

05 柿子胡萝卜汁

清热去燥、润肺化痰

冬季

功效

柿子营养价值很高，含有丰富的蔗糖、葡萄糖、果糖、蛋白质、胡萝卜素、维生素 C、瓜氨酸、钾、钙、磷、铁。与胡萝卜、冰糖配合，补钾效果更佳，从而增加肾脏活力。

材料

柿子	1个
胡萝卜	1根
砂糖	少许
饮用水	200毫升

做法

❶ 将柿子洗净去蒂、去籽、去皮，放锅中煮熟；胡萝卜洗净去皮切成块状；

❷ 将煮好的柿子和切好的胡萝卜放入榨汁机，加入适量冰糖、饮用水一起榨汁。

营养师提醒：

柿子可以缓解大便干结、痔疮疼痛和出血、干咳、喉痛、高血压等症，是慢性支气管炎、肝炎、内外痔疮患者的天然保健食品。

06 柿子柠檬汁

生津健脾、化痰止咳

材料

柿子	1个
柠檬	60 克
白砂糖	少许
饮用水	200 毫升

做法

❶ 将柿子洗净去蒂、去籽、去皮，切成块；柠檬洗净切成块状；

❷ 将切好的柿子、柠檬放入榨汁机，加入饮用水一起榨汁；

❸ 在榨好的果汁内加入适量的白砂糖搅匀即可。

营养师提醒：

贫血及正在补铁的人最好少吃柿子。糖尿病、慢性胃炎患者不宜用柿子榨汁。

功效

柿子清热润肺、润肠，对慢性支气管炎有辅助疗效；柠檬具有生津健脾、化痰止咳等功效。

木瓜牛奶汁

美白养颜

功效

　　木瓜中的凝乳酶有通乳作用，番木瓜碱具有抗淋巴性白血病之功（血癌）。木瓜中含丰富的丰胸激素及维生素 A，能刺激女性激素分泌，并刺激卵巢分泌雌激素，使乳腺畅通，因此木瓜有丰胸作用，还可以促进肌肤代谢，让肌肤显得更明亮、更清新。因此，木瓜牛奶汁可作为美容佳品。

冬季

材料

木瓜 —————————————————————————— 半个
白糖 —————————————————————————— 少许
牛奶 —————————————————————————— 200 毫升

 木瓜

 白糖

 牛奶

做法

❶ 将木瓜去皮去瓤，切成块状；
❷ 将切好的木瓜放入榨汁机，加入牛奶以及适量的白糖榨汁。

营养师提醒：

木瓜果皮光滑美观，果肉厚实细致、香气浓郁、汁水丰多、甜美可口、营养丰富，有"百益之果""水果之皇""万寿瓜"之称。

08 木瓜汁

美白养颜、丰胸美体

功效

木瓜营养丰富，含有16种氨基酸，多种维生素和矿物质，还含有丰富的木瓜蛋白酶、凝乳酶等物质，具有促进消化、催乳通乳等作用。

材料

木瓜	半个
饮用水	200毫升

做法

❶ 将木瓜去皮去瓤，切成块状；

❷ 将切好的木瓜放入榨汁机，加入饮用水榨汁。

营养师提醒：

木瓜也分公母，肚子大的是母的，比较甜。

09 木瓜柳橙鲜奶汁

丰胸美体、改善肤色

材料

木瓜	半个
柳橙	1个
鲜奶	200毫升

做法

❶ 将木瓜洗净去皮去瓤，切成块状；柳橙去皮，把橙肉分开；
❷ 将所有食材放入榨汁机，加入牛奶榨汁。

营养师提醒：

木瓜茶也能起到丰胸美体的作用，将木瓜一头切平做壶底，另一头切开，掏出种子后直接放入茶叶，再把切去的顶端当成盖子盖上，过几分钟就可品尝到苦中带甜、充满木瓜清香的木瓜茶了。

功效

　　木瓜含有胡萝卜素和丰富的维生素C，它们有很强的抗氧化能力，能促进肌肤代谢，帮助溶解毛孔中脂肪及老化角质，让肌肤显得更清新白皙。木瓜还具有催乳通乳的作用。

　　柳橙富含维生素C、柠檬酸、橙皮苷等物质，有美容养颜、丰胸美体的功效。

　　此款果汁能够丰胸美体，改善肤色。

⑩ 柳橙菠菜柠檬汁

止咳化痰、对抗气喘

功效

　　柳橙，果肉味酸、甘，性平，无毒。柳橙的营养成分中有丰富的膳食纤维、维生素 A、B 族维生素、维生素 C、磷、苹果酸等，有生津止渴，宽胸利气的功效。橙皮的止咳化痰功效胜过陈皮，是缓解感冒咳嗽、胸腹胀痛、哮喘的良药。

　　菠菜中的有效成分能够改善过敏体质，从而降低因过敏引起的咳嗽、哮喘。

　　柠檬有化痰功效。在冬季痰多、咽喉不适时，将柠檬汁加温水和少量食盐，可将喉咙积聚的浓痰顺利咳出。

材料

柳橙	半个
菠菜	2 颗
柠檬	2 片
饮用水	200 毫升

柳橙

饮用水

菠菜

柠檬

做法

❶ 柳橙洗净去皮，果肉切块状；将菠菜洗净切碎；将柠檬洗净，切成片；

❷ 将准备好的柳橙、菠菜、柠檬放入榨汁机，加入饮用水榨汁。

营养师提醒：

柠檬含有烟酸和丰富的有机酸，是很好的美容水果。

11 柳橙汁

清热化痰、平喘

冬季

功效

柳橙，果肉味酸、甘，性平，无毒。柳橙的营养成分中有丰富的膳食纤维、维生素 A、B 族维生素、维生素 C、磷、苹果酸等，有利于降低胆固醇。此款果汁适合于感冒咳嗽、哮喘症状。

材料

柳橙	1 个
蜂蜜	适量
饮用水	200 毫升

做法

❶ 柳橙洗净去皮，果肉切块状；
❷ 将准备好的柳橙放入榨汁机，加入饮用水榨汁。

营养师提醒：

皮薄是柳橙挑选的第一个原则，再就是"果心结实"的更新鲜。

⑫ 洋葱橙子汁

清理血管、预防高血压

材料

洋葱	半个
橙子	半个
饮用水	200 毫升

做法

❶ 将洋葱去皮后切成块，放在微波炉里加热变软，橙子去皮切块状；

❷ 将准备好的洋葱、橙子放入榨汁机，加入饮用水榨汁。

营养师提醒：

洋葱的品质要以葱头肥大、外皮光泽、不烂、无机械伤、无泥土、鲜葱头不带叶，经储藏后不松软，含水量少，辛辣和甜味浓的为佳。

功效

洋葱中含有硫化丙基成分，这种成分具有促进血液中糖分代谢和降低血糖含量的作用，可以减少血液中胆固醇和甘油三脂含量。洋葱还含有槲皮素和前列腺素 A，能扩张血管、降低血液黏度，减少外周血管阻力增加冠状动脉的血流量，预防血栓形成和高血压。

13 胡萝卜橙子汁

预防感冒、保护视力

功效

胡萝卜的营养价值很高，富含蔗糖、葡萄糖、淀粉、胡萝卜素、钾、钙、磷等。胡萝卜具有一定的降压、强心、抗炎、抗过敏和增强视力的作用。

冬季

材料

橙子	2个
胡萝卜	2根
蜂蜜	适量
饮用水	200毫升

做法

❶ 将橙子洗净去皮，果肉切块状；将胡萝卜洗净去皮，切成块状；

❷ 将准备好的橙子、胡萝卜放入榨汁机，加入饮用水榨汁；

❸ 在榨好的果汁内加入适量蜂蜜搅匀即可。

营养师提醒：

此款蔬果汁可以预防感冒，保护视力，同时还能促进食欲和儿童发育。

PART 05

健康调理蔬果汁

01 雪梨黄瓜汁

润肠通便、香甜可口

功效

　　雪梨味甘性寒，含苹果酸、柠檬酸、维生素C、胡萝卜素等，具生津润燥，清热化痰之功效。

　　夏天是口腔溃疡高发的季节，专家指出，黄瓜汁中含有大量的营养物质并且具有清热去炎的功效，在夏天饮用更具败火效果。经过研究发现，夏季饮用黄瓜汁除了能预防口腔溃疡以外，同时还能有效的防治头发脱落问题。

　　此款果汁营养丰富，能够润肠通便。

功效

材料

雪梨	半个
黄瓜	1根
蜂蜜	适量
饮用水	200毫升

雪梨

饮用水

黄瓜

蜂蜜

做法

❶ 将雪梨洗净，去皮去核并切成块状；

❷ 将黄瓜洗净并切成块状；

❸ 将切好的雪梨和黄瓜放入榨汁机，加入水榨汁；

❹ 在榨好的汁里加入适当蜂蜜即可。

营养师提醒：

因黄瓜性寒，脾胃虚弱、腹痛腹泻、肺寒咳嗽者应少吃或不吃。

02 草莓菠萝葡萄柚汁

明目养肝、排毒助消化

功效

草莓等蔬菜水果含有一种名叫非瑟酮的天然类黄酮物质，它能刺激大脑信号通路，从而提高记忆力。草莓中还富含有胡萝卜素，具有明目养肝的作用。菠萝含有人体所需的维生素和矿物质，能有效帮助消化吸收。葡萄柚能增强人体的解毒功能。

材料

草莓	5 颗
菠萝	100 克
葡萄柚	半个
饮用水	200 毫升

做法

❶ 将草莓去蒂洗净，切成块状；将菠萝洗净切成块状；葡萄柚去皮，切成块；

❷ 将切好的草莓和菠萝、葡萄柚、韭菜放入榨汁机，加入饮用水榨汁。

营养师提醒：

这款果汁尤为适合儿童饮用。

③ 葫萝卜山楂汁

消食化积、促进食欲

材料

胡萝卜 ———————————————— 1根
山楂 ————————————————— 8颗
饮用水 ——————————————— 200毫升

做法

❶ 将胡萝卜洗净去皮切成块状；将山楂洗净切下果肉；

❷ 将准备好的胡萝卜、山楂放入榨汁机，加入饮用水榨汁。

营养师提醒：

山楂味道偏酸，胃酸过多、脾胃虚弱者不宜食用。

功效

胡萝卜性味甘、平，入肺、脾二经，主要作用是健脾、化滞，常用于缓解消化不良、久痢、咳嗽等症。胡萝卜是碱性食物，富含果胶物质，有利于吸附肠道内的细菌和毒素。胡萝卜的挥发油也能促进消化和杀菌。此外，胡萝卜中还含有一定的矿物质和微量元素，能补充因腹泻而丢失的营养物质，给腹泻患儿喝胡萝卜汤，有助于止泻。

山楂可以促进胃液分泌，增加胃内酶素等功能。让小孩适量吃些山楂，可有助于消食化积。

此款果汁能够帮助消化，促进食欲。

127

04 菠萝油菜汁

补充维生素，预防便秘

功效

菠萝具有健胃消食、补脾止泻、清胃解渴的功效。

油菜含有丰富的维生素C和胡萝卜素，有美容养颜的功效。

材料

菠萝	4片
油菜	1个
饮用水	200毫升

做法

❶ 将菠萝片切成丁，油菜洗净切成块状；

❷ 将准备好的菠萝、油菜放入榨汁机，加入饮用水榨汁。

营养师提醒：

此款果汁适于消化不良，胃口不佳者。

05 花椰黄瓜汁

润滑皮肤、缓解便秘

材料

莴苣	125 克
花椰菜	60 克
黄瓜	100 克
饮用水	200 毫升

做法

❶ 将莴苣、花椰菜分别洗净切块；黄瓜洗净后切块；

❷ 将所有食材放入榨汁机，加入饮用水榨汁；

❸ 喜欢喝冷饮的可以加入冰块。

营养师提醒：

尿频、胃寒的人应少吃莴苣。莴苣储藏时应远离苹果、梨和香蕉，以免出现赤褐斑点。

功效

花椰菜、黄瓜是美容的佳品，经常食用可起到延缓皮肤衰老的作用，还可防止口角炎、唇炎，也可润滑肌肤，让你保持身材苗条。

06 樱桃酸奶

补充维生素、预防便秘

功效

　　樱桃含有维生素 A、维生素 C、维生素 E、维生素 P、钙、铁、磷,胡萝卜素、叶酸、蛋白质、碳水化合物等尤其是铁和维生素 A 的含量特别高,常食樱桃可促进血红蛋白再生,既可防治缺铁性贫血,也可健脑益智、增强体质。

　　酸奶有多种乳酸菌,促进消化吸收,同时维护肠道菌群生态平衡,形成生物屏障,抑制有害菌对肠道的入侵。酸奶还有预防感冒的功效。

　　此款果汁适于补养气血,预防小儿感冒。

材料

樱桃	15 颗
酸奶	200 毫升

做法

❶ 将樱桃洗净去核;
❷ 将樱桃果肉放入榨汁机,加入酸奶榨汁。

营养师提醒:

　　此款果汁不宜加热饮用,因为酸奶一经加热,所含的大量活性乳酸菌便会被杀死,其营养功效便会大大降低。

07 卷心菜火龙果汁

缓解便秘、增强体质

材料

卷心菜	100 克
火龙果	120 克
冰糖	10 克
饮用水	200 毫升

做法

❶ 将火龙果洗净，去皮，切成块；卷心菜洗净剥成小片；

❷ 将所有食材放入榨汁机，加入饮用水、冰糖榨汁。

营养师提醒：

这款蔬果汁是健胃整肠、美容养颜佳品。

功效

　　火龙果是一种美容、保健佳品，且有较高的药用价值。现代医学及中医均认为，火龙果对咳嗽、气喘有很好的辅助疗效，还可以预防便秘、抑制肿瘤等，对重金属中毒也具有一定的解毒功效。

◎滋润肌肤、美容养颜

01 菠萝柠檬汁

美白养颜、调节情绪

功效

菠萝和柠檬维生素含量丰富，能开胃顺气，美容养颜。心情低落时，吃点菠萝和柠檬也能摆脱不良情绪的干扰。

功效

材料

柠檬 ·· 2 片
菠萝 ·· 2 片
饮用水 ····································· 200 毫升

　　菠萝

　　柠檬

　　饮用水

做法

❶ 将菠萝洗净切成块状；
❷ 将准备好的菠萝、柠檬放入榨汁机，加入饮用水榨汁。

营养师提醒：

此款蔬果汁能够舒畅心情，预防忧郁。

02 圣女果芒果汁

减肥塑身、排毒养颜

功效

圣女果中维生素 PP 的含量居蔬果之首，是保护皮肤、维护胃液正常分泌、促进红细胞生成的重要元素，同时还具有非常好的美容、防晒效果。由于圣女果味甘酸、性微寒，对便结、食肉过多、口臭口渴、胸膈闷热、喉咙肿痛者有益。

芒果具有益胃、解渴、利尿的作用，有助于消除水肿所造成的肥胖。此款果汁能够强壮身体、瘦身排毒。

材料

圣女果	4 个
芒果	半个
饮用水	200 毫升

做法

❶ 将圣女果清洗干净，去掉果蒂，切成两半；将芒果洗净，去掉外皮和果核，切成块状；
❷ 将所有食材放入榨汁机，加入饮用水榨汁。

营养师提醒：

把圣女果当成水果吃可补充维生素 C、清暑热。

功效

03 西芹菠萝蜜

滋润肌肤、美白养颜

材料

菠萝	120 克
胡萝卜	100 克
柠檬	30 克
西芹	30 克
蜂蜜	20 克
饮用水	200 毫升

做法

❶ 将菠萝洗净去皮去果丁切成块状；柠檬洗净切成片；胡萝卜洗净切成块；西芹洗净切成段；

❷ 将准备好的菠萝、胡萝卜、西芹、柠檬放入榨汁机，加入饮用水榨汁；

❸ 在榨好的果汁内调入蜂蜜搅匀即可。

营养师提醒：

菠萝食用之前切成片放在淡盐水中浸泡 30 分钟，洗去咸味，味道会更甜美。

功效

　　菠萝能开胃顺气，助消化，还可以溶解阻塞于组织中的纤维蛋白和血凝块，改善局部的血液循环，消除炎症和水肿。心情低落时，吃点菠萝或柠檬也能摆脱不良情绪的干扰。

　　鲜柠檬维生素含量极为丰富，是天然的美容佳品，能防止和消除皮肤色素沉着，具有美白作用。

　　胡萝卜的营养素能增强免疫力，改善视力和肠胃的健康。

04 哈密瓜芒果牛奶

美白祛斑、清热排毒

功效

哈密瓜具有清热解毒，解渴利尿的功效。

芒果富含维生素C，有润肤、明目的功效。

哈密瓜、芒果与牛奶搭配，可起到美白肌肤、瘦身排毒的作用。

材料

哈密瓜	半个
芒果	1个
牛奶	200毫升

做法

❶ 将哈密瓜洗净去皮去瓤，切成块状；将芒果洗净去皮去核，切成块状；

❷ 将切好的哈密瓜和芒果放入榨汁机，加入牛奶一起榨汁。

营养师提醒：

此款果汁还富含维生素A，可以缓解眼部疲劳、改善视力。

功效

05 彩椒柠檬汁

预防贫血，补体塑身

材料

彩椒	150 克
柠檬	30 克
冰糖	25 克
饮用水	30 毫升

做法

❶ 彩椒洗净去蒂，对半切开去籽切成块状，用榨汁机榨汁备用；

❷ 将柠檬洗净对半切开，用榨汁机榨汁备用；

❸ 将榨好的柠檬汁和彩椒汁与冰糖及 30 毫升冷开水调均即可。

营养师提醒：

彩椒要挑选果体饱满的，果实颜色鲜艳者为上。

功效

　　彩椒中含有丰富的维生素 C，不仅可以改善黑斑，还能促进血液循环。另外彩椒还含有 β - 胡萝卜素，与维生素 C 结合能对抗白内障，保护视力。经常饮用此品可预防贫血，帮助恢复体力。

06 木瓜玉米牛奶果汁

美肤丰胸、降脂减肥

功效

木瓜含丰富的胡萝卜素、蛋白质、钙、蛋白酶、柠檬酶等，对于高血压、肾炎、便秘的防治有一定作用。木瓜还有促进新陈代谢和抗衰老的作用。另外，木瓜还具有美容护肤、丰胸美体的功效。

玉米中所含的胡萝卜素，被人体吸收后能转化为维生素 A，它具有防癌作用。玉米中还含有大量镁，镁可加强肠臂蠕动，能促进机体废物的排泄。玉米的热量很低，也是减肥的代用品之一。

材料

木瓜	半个
玉米粒	适量
牛奶	200 毫升

做法

① 将木瓜去皮去瓤，洗净切成块状；
② 将切好的木瓜、玉米粒放入榨汁机，加入牛奶榨汁。

营养师提醒：

木瓜，怀孕早期及过敏体质者应慎食。怀孕时不能吃木瓜只是怕引起子宫收缩腹痛，但不会影响胎儿。

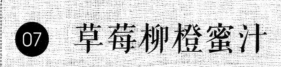

07 草莓柳橙蜜汁

消脂减肥、滋润皮肤

材料

草莓	6颗
柳橙	1个
蜂蜜	适量
饮用水	200毫升

做法

1 将草莓去蒂洗净，切成块；柳橙去皮分开果肉；

2 将切好的草莓、柳橙放入榨汁机，加入饮用水榨汁；

3 在榨好的蔬果汁中加入适量的蜂蜜搅匀即可。

营养师提醒：

购买草莓的时候可以用手或者纸对草莓表面进行轻拭，如果手上或纸上粘了大量的红色，那就不能买。

功效

草莓中富含维生素C，维生素C能消除细胞间的松弛和紧张状态，使脑细胞结构坚固，皮肤细腻有弹性。饭后吃草莓，可分解食物脂肪，有利消化。草莓汁还有滋润皮肤的功效。草莓含铁，贫血患者可以常吃。

柳橙含有维生素A、B族维生素、维生素C、维生素D及柠檬酸、苹果酸、果胶等成分，对于瘦身塑形有良好的效果。

此款蔬果汁能够消脂减肥，滋润皮肤。

08 草莓哈密瓜菠菜汁

泻火下气、预防痘痘

功效

　　草莓中富含维生素。常食草莓，可以有效地淡化痘痕、美白肌肤。

　　菠菜富含维生素 B_6、叶酸、铁和钾，有下气调中、止渴润燥的功效。

　　此款蔬果汁能够清热去火，抑制青春痘的出现。

材料

草莓	4 颗
哈密瓜	2 片
菠菜	1 颗
饮用水	200 毫升

功效

做法

❶ 将草莓洗净去蒂，切成块；哈密瓜去皮，洗净切成块状；菠菜洗净切碎；

❷ 将切好的草莓、哈密瓜和菠菜放入榨汁机，加入饮用水榨汁。

营养师提醒：

菠菜草酸含量较高，不适宜肾炎患者、肾结石患者；另外脾虚便溏者不宜多饮。

09 芹菜苦瓜汁

排除体内毒素、减肥瘦身

材料

芹菜 ————————————————— 半根
苦瓜 ————————————————— 半个
蜂蜜 ————————————————— 适量
饮用水 ——————————————— 200毫升

做法

❶ 将芹菜洗净切成段；苦瓜洗净去籽去瓤，切成块状；
❷ 将准备好的芹菜、苦瓜放入榨汁机，加入饮用水榨汁；
❸ 在榨好的蔬果汁里加入适当的蜂蜜搅匀调味。

营养师提醒：

夏天可以将芹菜和苦瓜放冰箱冷藏一下再打汁，味道会更好。

功效

　　芹菜和苦瓜均有利尿排毒、清热解暑、除烦、降血压的功效，二者一起榨汁，能加快胃肠运动，清除体内毒素，减少脂肪堆积，经常饮用能起到不错的减肥作用。

　　蜂蜜能补脾胃、润肺止咳、解毒。

141

10 草莓香柚黄瓜汁

淡化斑点、消肿健胃

功效

葡萄柚中含有非常丰富的柠檬酸、钠、钾和钙，而柠檬酸有助于肉类的消化。葡萄柚中的类黄酮能有效抑制正常细胞发生癌变，经常食用葡萄柚可以增强身体抵抗力。这款蔬果汁可以清肝利胆、淡化斑点。

材料

草莓	50克
黄瓜	100克
葡萄柚	80克
柠檬	50克
饮用水	适量

功效

做法

❶ 将草莓洗净去蒂；去除葡萄柚的果瓤，留果肉；黄瓜洗净切成块；

❷ 将所有食材放入榨汁机，加入饮用水榨汁。

营养师提醒：

暴饮暴食后吃一些葡萄柚可以促进消化。在服用某些抗精神疾病类药物及抗霉菌剂期间，忌食葡萄柚。

柠檬葡萄柚汁

排除体内毒素、减肥瘦身

材料

葡萄柚	1个
柠檬	2片
蜂蜜	适量
饮用水	200毫升

做法

❶ 将柠檬、葡萄柚洗净去皮切成块；

❷ 将准备好的葡萄柚、柠檬放入榨汁机，加入饮用水榨汁。

营养师提醒：

柠檬要选柠檬蒂的下方呈现绿色的，这样的柠檬新鲜。拿在手上感觉沉重的，则代表果汁含量丰富。

功效

柠檬是一种富含维生素C的营养水果，被称作美容食品。柠檬可减少黑斑、雀斑发生的概率，并有美白的效果。

葡萄柚含有丰富的营养成分，能够帮助清除肠道垃圾，从而起到美白排毒的作用。

此款蔬果汁能够排除毒素，减肥塑身。

143

◎女性调理、调节内分泌

01 大枣生姜汁

滋阴壮阳、改善畏寒体质

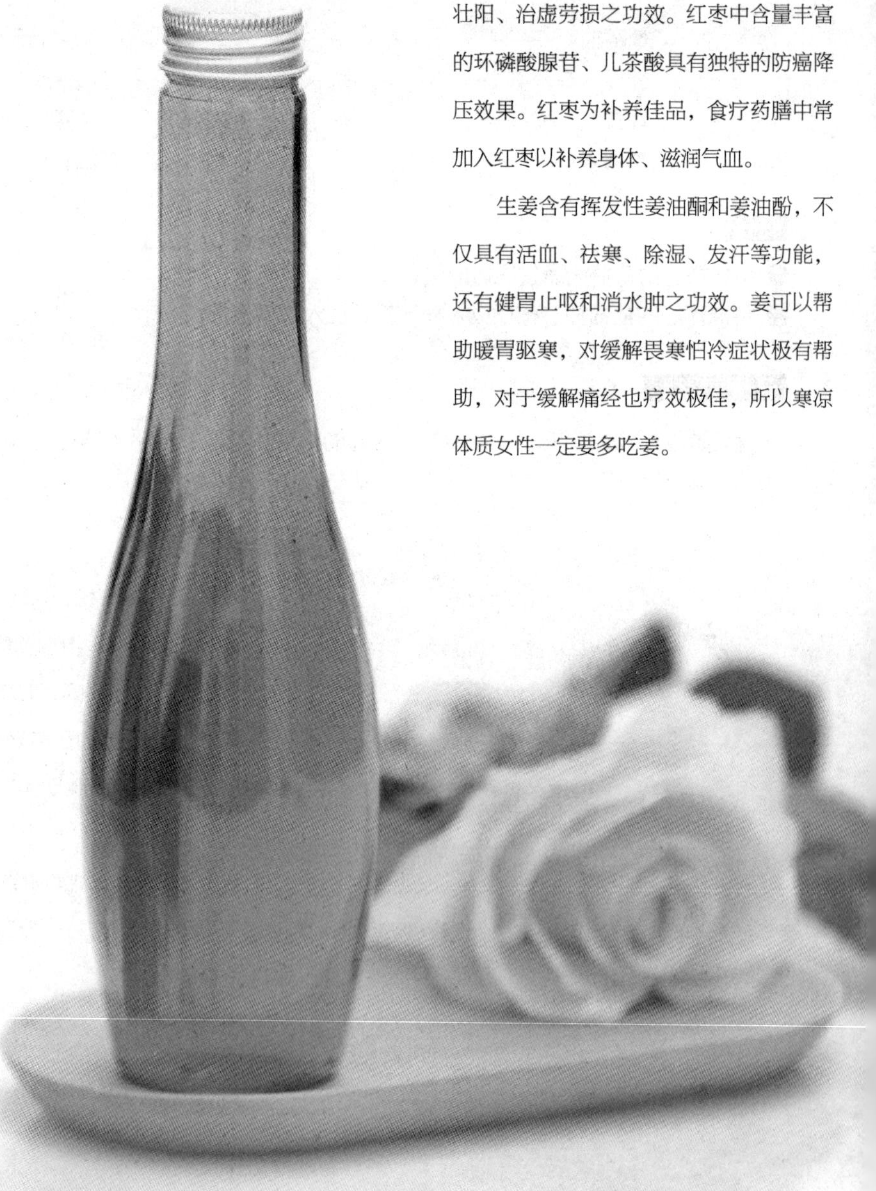

功效

红枣具有益气养肾、补血养颜、安神壮阳、治虚劳损之功效。红枣中含量丰富的环磷酸腺苷、儿茶酸具有独特的防癌降压效果。红枣为补养佳品，食疗药膳中常加入红枣以补养身体、滋润气血。

生姜含有挥发性姜油酮和姜油酚，不仅具有活血、祛寒、除湿、发汗等功能，还有健胃止呕和消水肿之功效。姜可以帮助暖胃驱寒，对缓解畏寒怕冷症状极有帮助，对于缓解痛经也疗效极佳，所以寒凉体质女性一定要多吃姜。

材料

生姜 ———————————————— 2 片
大枣 ———————————————— 4 颗
饮用水 ——————————————— 200 毫升

生姜

红枣

饮用水

做法

❶ 将生姜去皮切成末，将大枣去核；
❷ 将准备好的生姜、大枣倒入榨汁机，加入饮用水榨汁。

营养师提醒：

此果汁不宜多饮，以免吸收大量姜辣素，在经肾脏排泄过程中会刺激肾脏，并产生口干、咽痛、便秘等"上火"症状。

02 香瓜胡萝卜芹菜汁

补肝明目、行气化滞

功效

香瓜中含有大量的苹果酸、葡萄糖、维生素，有除烦止渴的功效；胡萝卜素有补肝明目、行气化滞的作用；芹菜可平肝降压，镇静安神。

材料

香瓜	半个
胡萝卜	1根
芹菜	半根
蜂蜜	适量
饮用水	200毫升

做法

❶ 将香瓜去皮去瓤，切成块状；

❷ 将胡萝卜洗净去皮，切成块状；

❸ 将芹菜洗净切成块状；

❹ 将准备好的香瓜、胡萝卜、芹菜倒入榨汁机，加入饮用水榨汁；

❺ 在榨好的蔬果汁内加入适量蜂蜜搅匀。

营养师提醒：

此款果汁能够促进新陈代谢，补肝明目、行气化滞。

功效

03 苹果菠萝老姜汁

驱除子宫内寒气、益气润肺

材料

苹果	半个
菠萝	2 片
老姜	4 片
饮用水	200 毫升

做法

❶ 将苹果、菠萝、老姜洗净切成块状；

❷ 将准备好的苹果、菠萝、老姜放入榨汁机，加入饮用水榨汁。

营养师提醒：

菠萝去皮后要在淡盐水中浸泡一会儿，使"菠萝朊酶"充分析出，方能食用。

功效

老姜性温，具有促进血液循环的作用，经期吃姜，有助于驱除宫内寒气。女性吃姜还能抗衰老。

苹果和菠萝具有益气润肺、生津止渴、止泻、提高免疫力的功效。

04 胡萝卜苹果醋汁

促进血液循环、改善畏寒体质

功效

长期作息不规律、缺乏运动以及心肺功能不好的人，通常是畏寒体质，这些人怕冷的主要原因是脏器功能不调或代谢不畅。胡萝卜能增强体力和免疫力，激活内脏功能和血液运行，从而达到调理心脏、暖身、滋养的功效。胡萝卜富含维生素，并有发汗的作用，对于促进血液循环有很好的疗效。

果醋中的柠檬酸能够促进血液循环，消除疲劳，改善畏寒体质。

材料

材料	用量
胡萝卜	半根
苹果醋	8 毫升
饮用水	200 毫升

做法

❶ 胡萝卜洗净切成块状；

❷ 将胡萝卜、果醋倒入榨汁机，加入饮用水榨汁。

营养师提醒：

此款果汁适于畏寒体质者。

功效

05 姜枣橘子汁

暖宫散寒、改善月经不调

材料

生姜	2片
大枣	4颗
橘子	半个
饮用水	200毫升

做法

❶ 将生姜去皮切成末，将大枣去核；将橘子洗净切成块状；

❷ 将准备好的生姜、大枣、橘子倒入榨汁机，加入饮用水榨汁。

营养师提醒：

此款果汁能够驱除体内寒气，适于畏寒体质者。

功效

　　大枣性味甘温，具有补中益气、养血安神的作用；生姜性味辛温，具有温中止呕、解表散寒的作用；二者合用，可充分发挥姜的作用，促进气血流通，改善手脚冰凉的症状。

　　橘子则具有开胃理气、止咳润肺的功效。常用于胸膈结气、呕逆少食、胃阴不足、口中干渴、肺热咳嗽及饮酒过度等。

06 胡萝卜菠菜汁

改善血液循环、调理贫血

功效

胡萝卜健胃消食。

菠菜有养血止血、滋阴润燥、通利肠胃等功效。

材料

胡萝卜	半根
菠菜	2根
饮用水	200毫升

做法

❶ 胡萝卜洗净切成块状，菠菜洗净切碎；

❷ 将所有食材放入榨汁机，加入饮用水榨汁。

营养师提醒：

胡萝卜菠菜汁不适宜于肾炎患者、肾结石患者饮用。菠菜草酸含量较高，健康人群不宜过多饮用，另外脾虚便溏者不宜多饮。

07 芒果香蕉牛奶汁

调节内分泌、缓解抑郁

材料

芒果	半个
香蕉	1根
牛奶	200毫升

做法

❶ 将芒果去皮，取出果肉；剥去香蕉的皮和果肉上的果络，切成块状；

❷ 将准备好的芒果和香蕉倒入榨汁机，加入牛奶榨汁。

营养师提醒：

此款果汁能够安心怡神，调节内分泌。

功效

芒果含有大量的维生素A、维生素C、矿物质、芒果酮酸、异芒果醇酸等三醋酸和多酚类化合物，具有抗癌的药理作用。芒果汁能够促进胃肠蠕动。

香蕉可促进大脑分泌内啡肽丁，缓解紧张情绪，改善抑郁等不良情绪。

08 香蕉橙子汁

改善肤质、润肠通便

功效

　　香蕉不仅可以稳定不安情绪，改善睡眠，还可以清热润肠，促进肠胃蠕动。

　　橙子含有丰富的维生素 C，可以减轻电脑辐射的危害等，抑制色素形成，使皮肤白皙润泽。橙子中特有的纤维素、果胶以及橙皮苷等营养物质，具有生津止渴、开胃下气的功效，利于清肠通便，排出体内有毒物质，增强机体免疫力。橙子对于缓解郁闷情绪也有很好的调节作用。

材料

香蕉	1个
橙子	半个
饮用水	200毫升

做法

❶ 剥去香蕉皮和果肉上的果络，切成块状；

❷ 将橙子去皮切成块状；

❸ 将所有食材放入榨汁机，加入饮用水榨汁。

营养师提醒：

此款蔬果汁不仅能美容养颜，还能调理肠胃。

功效

⑨ 圣女果圆白菜汁

美容养颜、延缓衰老

材料

圆白菜叶	2 片
圣女果	4 个
饮用水	200 毫升

做法

❶ 将圆白菜叶洗净在水中焯一下，切成块；将圣女果洗净切成两半；

❷ 将准备好的圆白菜叶和圣女果放入榨汁机，加入饮用水榨汁。

营养师提醒：

圣女果的维生素等含量要高于普通番茄，可增强人体免疫力，美容养颜。

功效

圣女果还可以促进人体的生长发育，增加抵抗能力、延缓衰老、减少皱纹的产生，所以，特别适合女性美容。

圆白菜具有抗氧化、抗衰老的作用。

⑩ 西芹苹果胡萝卜汁

润肺去烦、缓解疲劳

功效

　　西芹中含有丰富的胡萝卜素和多种维生素等，对人体健康都十分有益。

　　苹果可以调理肠胃、止泻通便，并有预防和消除疲劳的功效。苹果中所含的钾元素能够增强身体的免疫功能，对于女性非常有益。

　　胡萝卜含有大量的胡萝卜素，可以保护视力，缓解疲劳。

材料

苹果	半个
西芹	半根
胡萝卜	半根
饮用水	200毫升

功效

做法

❶ 将苹果洗净去核切成块状，将西芹和胡萝卜洗净切成块状；

❷ 将准备好的苹果、西芹、胡萝卜放入榨汁机，加入饮用水榨汁。

营养师提醒：

胡萝卜中的木质素可间接消灭癌细胞，具有一定的防癌抗癌作用。

⑪ 生姜苹果汁

缓解经期疼痛、改善血液循环

材料

苹果	半个
生姜	4片
饮用水	200毫升

做法

❶ 将苹果洗净去核切成块状，生姜洗净去皮切碎；

❷ 将准备好的苹果、老姜放入榨汁机，加入饮用水榨汁。

营养师提醒：

食用苹果首选没有受过农药污染的，生吃前要洗干净。

功效

　　生姜富含姜辣素，对心脏和血管有一定的刺激作用，可使心跳加快，血管扩张，从而使络脉通畅，供给正常。常饮生姜水对妇女月经顺畅也有帮助，可让身体温暖，增加能量，活络气血，加快血液循环。女性吃姜还能抗衰老。

　　苹果可以提高人体的抵抗力和免疫力，促进神经和内分泌功能，有助于美容养颜。

◎增强免疫力、改善体质

01 西蓝花橙子豆浆汁

增强记忆力、促进骨骼发育

功效

　　西蓝花的维生素C含量极高，有利于人体的生长发育和增强免疫功能。宝宝常吃西蓝花，可促进生长、维持牙齿及骨骼正常，保护视力，提高记忆力。

　　鲜豆浆中含有大豆卵磷脂，是构成人体细胞膜、神经组织、脑髓的重要成分。它是一种含磷类脂体，是生命的基础物质，有很强的健脑作用。所以豆浆可以健脑益智。儿童常喝豆浆，可补充因学习紧张而严重消耗的脑细胞，增强记忆力，提高学习效率。

功效

材料

西蓝花 ———————————————————— 2 度
橙子 ————————————————————— 半个
豆浆 ———————————————————— 200 毫升

西兰花

橙子

豆浆

做法

❶ 将西蓝花洗净在热水焯一下，切成块状；
❷ 将橙子去皮洗净后切成块状；
❸ 将准备好的所有食材放入榨汁机，加入豆浆一起榨汁。

营养师提醒：

此果汁可促进小儿生长发育。

⓪2 胡萝卜柳橙汁

增强免疫力、健脾益胃

功效

　　胡萝卜含有大量的胡萝卜素、多种维生素以及多种矿物质元素,有清热解毒、健胃消食、增强体质、改善视力功效。柳橙丰富的膳食纤维、维生素 C 有滋润健胃、化痰止咳的功效。

材料

胡萝卜	半根
柳橙	1个
饮用水	200 毫升

做法

❶ 将胡萝卜、柳橙洗净切成块状;

❷ 将准备好的所有食材放入榨汁机,加入饮用水榨汁。

营养师提醒:

　　胡萝卜有"小人参"之称,营养非常丰富。

功效

03 苹果猕猴桃汁

增强免疫力、促进骨骼生长

材料

猕猴桃	2个
苹果	1个
柠檬	2片
饮用水	200毫升

做法

❶ 将苹果洗净去皮去核切成小块；柠檬洗净切成片；猕猴桃去皮切成块状；

❷ 将准备好的所有食材放入榨汁机，加入饮用水榨汁。

营养师提醒：

儿童对猕猴桃易过敏，不宜多吃。

功效

苹果含有多种维生素，脂质，矿物质，糖类等不仅可以调节肠胃功能，还可以增强儿童的记忆力。

猕猴桃是所有水果中维生素C含量最高的，维生素C对于美容养颜、防止雀斑、黑斑、延缓衰老都非常有助益。此外，猕猴桃还有提高免疫力、助消化等功效。

04 圆白菜蓝莓汁

增强免疫力、保护视力

功效

　　圆白菜含有人体必需的各种氨基酸，并且必需氨基酸的构成比例接近人体需要，因此易被人体充分利用。此外还含有抗氧化的营养素，防衰老、抗氧化的效果明显，它能提高人体免疫力，预防感冒。蓝莓中的花青素能增强人体免疫力，增强视力，消除眼疲劳。

　　此款果汁可以，增强机体免疫力、保护视力。

材料

圆白菜叶	2片
蓝莓	4颗
苹果	半个
原味酸奶	100毫升
饮用水	100毫升

功效

做法

❶ 将圆白菜洗净切碎，蓝莓洗净去核，苹果洗净切成块状；
❷ 将准备好的所有食材以及酸奶放入榨汁机，加入饮用水榨汁。

营养师提醒：

新鲜蓝莓具有轻泻的作用，所以当腹泻时不要饮用含有草莓汁的蔬果汁。

05 菠菜柳橙苹果汁

增强免疫力、预防感冒

材料

柳橙	1根
菠菜	2颗
苹果	1个
饮用水	200毫升

做法

❶ 柳橙洗净去皮，果肉切块状；将菠菜去根洗净切碎；将苹果洗净去核，切成块状；

❷ 将准备好的柳橙、菠菜、苹果放入榨汁机，加入饮用水榨汁。

营养师提醒：

菠菜里含有的无机铁，是构成血红蛋白、肌红蛋白的重要成分，要更好地吸收菠菜里的无机铁，还要在吃菠菜时多吃点高蛋白的食物。

功效

菠菜中的有效成分能够改善过敏体质，从而降低因过敏引起的咳嗽、哮喘。

橙子中含有丰富的维生素C，维生素P，能增加毛细血管的弹性，增加机体抵抗力，降低血中胆固醇，同时能够预防和治疗感冒。

苹果性平，味甘酸，具有生津止渴的功效。

06 苹果胡萝卜菠菜汁

增强体力、改善视力

功效

　　胡萝卜、菠菜和苹果中富含胡萝卜素。胡萝卜素在人体内会转化成维生素 A，有助于维持正常视力和上皮细胞的健康。此外，菠菜中的蛋白质、维生素 B_2 及铁、磷等无机盐含量也较许多蔬菜高，这些成分均对改善视力有益。

材料

苹果	1个
胡萝卜	半根
菠菜叶	4片
饮用水	200 毫升

做法

❶ 将苹果、胡萝卜洗净切成块状；将菠菜叶洗净，可用热水焯一下，切碎；
❷ 将准备好的所有食材放入榨汁机，加入饮用水榨汁。

营养师提醒：

胡萝卜不要和木耳一起煮，会引起皮炎；煮胡萝卜不要加醋，会影响维生素 C 的吸收；胡萝卜和人参不要放一起煮。

功效

07 香蕉菠菜苹果汁

增强免疫力、保证营养均衡

材料

香蕉	1根
菠菜	100克
苹果	1个
柠檬	2片
饮用水	200毫升

做法

❶ 将苹果洗净去皮去核切成小块；柠檬洗净切成片；香蕉去皮切块；菠菜洗净，择去黄叶，切成段；

❷ 将准备好的所有食材放入榨汁机，加入饮用水榨汁。

营养师提醒：

香蕉要选用完全成熟的。

功效

香蕉含有蛋白质、维生素A等营养成分，不仅能增强对疾病的抵抗力，还能促进食欲。

苹果不仅可以调节肠胃功能，还可以增强记忆力。苹果不但含有多种维生素，脂质，矿物质，糖类等构成大脑所必需的营养成分，而且含有利于儿童生长发育膳食纤维以及能增强儿童记忆力的锌。

菠菜能刺激肠胃、胰腺的分泌。常饮用此款蔬果汁，有助于幼儿生长。

01 番茄红彩椒香蕉汁

抗氧化、预防癌症

功效

　　番茄、红彩椒、香蕉最显著的功效为抗癌。彩椒中所含的辣椒红素，有很强的抗氧化性；香蕉是对增强白细胞的活性有很强功效。相对彩椒和香蕉来说，番茄所含的番茄素具有更强的抗癌效果。

　　此款蔬果汁对于癌症患者的生活调理有很好的帮助。

功效

材料

红彩椒 ··· 半个
番茄 ·· 1 个
香蕉 ·· 1 根
饮用水 ·· 200 毫升

红彩椒

饮用水

番茄

香蕉

做法

❶ 将红彩椒洗争去籽，切碎；

❷ 将番茄表面划几道口子，在沸水中浸泡 10 秒；去掉表皮，并将番茄切成块状；

❸ 将香蕉去皮，撕掉果肉上的果络，切成适当大小；

❹ 将准备好的红彩椒、番茄、香蕉放入榨汁机，加入饮用水榨汁。

营养师提醒：

此蔬果汁中加入少量食盐能够充分体现番茄原有的甘甜。

02 菠萝苹果汁

补锌补铁、促消化

功效

菠萝性味甘平，具有消食止泻的功效。苹果内富含锌，锌是人体中许多重要酶的组成成分，是促进生长发育的重要元素，是构成与记忆力息息相关的核酸及蛋白质不可缺少的元素，常常吃苹果可以增强记忆力，具有健脑益智的功效。苹果还富含有丰富的矿物质和多种维生素。

材料

菠萝	4片
苹果	1个
饮用水	200毫升

做法

❶ 将菠萝片切成丁，苹果洗净切成块状；

❷ 将准备好的菠萝、苹果放入榨汁机，加入饮用水榨汁。

营养师提醒：

此款果汁适于消化不良，胃口不佳者。

03 番茄胡萝卜汁

健胃消食、补血养血

材料

番茄	2个
胡萝卜	半根
饮用水	200毫升

做法

❶ 将在番茄的表面划几道口子，在沸水中浸泡10秒，剥去表皮，切成块状；

❷ 将胡萝卜洗净切成块状；

❸ 将准备好的番茄和胡萝卜放入榨汁机，加入饮用水榨汁。

营养师提醒：

番茄红素遇光、热和氧气容易分解，失去保健作用，因此，番茄不宜在沸水中浸泡太久。

功效

番茄具有生津止渴，健胃消食的功效。

胡萝卜中植物纤维含量很高，促进胃肠道的蠕动。

04 哈密瓜木瓜汁

消肿利尿、美容养颜

功效

哈密瓜营养丰富，果肉有利小便、止渴、除烦热、防暑气等作用，是夏季解暑的佳品。木瓜能够有效防止黑斑，美白肌肤。

材料

哈密瓜	2片
木瓜	半个
蜂蜜	适量
饮用水	200毫升

做法

❶ 将哈密瓜、木瓜去皮去瓤，切成块状；

❷ 将切好的哈密瓜和木瓜放入榨汁机，加入饮用水榨汁；

❸ 在榨好的蔬果汁内加入适当的蜂蜜搅匀即可。

营养师提醒：

木瓜果皮光滑美观，果肉厚实细致、香气浓郁、汁水丰多、甜美可口、营养丰富，有"百益之果""水果之皇""万寿瓜"之称。

功效

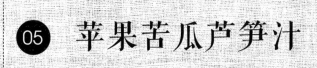

05 苹果苦瓜芦笋汁

消肿利尿、减肥瘦身

材料

苹果	半个
苦瓜	6 厘米
芦笋	1 根
饮用水	200 毫升

做法

❶ 将苹果洗净去核切成块状；将苦瓜洗净去瓤，切成块状；将芦笋洗净，切成块状；

❷ 将准备好的苹果、苦瓜、芦笋放入榨汁机，加入饮用水榨汁。

营养师提醒：

食苦味不宜过量，过量易引起恶心、呕吐等。苦瓜性凉，多食易伤脾胃，所以脾胃虚弱的人更要少吃苦瓜。

功效

苦瓜性寒味苦，入心、肺、胃经，具有清暑解渴，辅助降血压、血脂，养颜美容，促进新陈代谢等功效。苦瓜中的清脂素能够排除长期积聚的脂肪，帮助减掉腰、腹、臀部的赘肉，消除小肚腩。

芦笋具有暖胃、宽肠、润肺、止咳、利尿等功效，对糖尿病、膀胱炎、急慢性肝炎有一定的辅助治疗效果。

此款果汁能够消除水肿、减肥瘦身。

06 番茄大白菜汁

抗氧化、预防血管疾病

功效

番茄中的番茄红素具有很强的抗氧化性，可延缓衰老、增强免疫力、预防心血管疾病。

此款蔬果汁能够抗氧化，也可预防心血管疾病。

材料

番茄	1个
白菜	2片
饮用水	200毫升

做法

❶ 将番茄表面划几道口子，在沸水中浸泡10秒；去掉表皮，并将番茄切成块状；

❷ 将白菜洗净切成适当大小；

❸ 将准备好的番茄、大白菜放入榨汁机，加入饮用水榨汁。

营养师提醒：

如果打算生吃番茄，应当挑选粉红色的，这种番茄酸味淡。如果要炒着吃，就尽可能买大红色的。

07 西瓜芹菜汁

调节血压，补充维生素

材料

西瓜	2片
芹菜	1根
饮用水	200毫升

做法

❶ 将西瓜去皮去籽切成块，芹菜洗净切成块状；

❷ 将准备好的西瓜和芹菜放入榨汁机，加入饮用水榨汁。

营养师提醒：

西瓜是清热解暑的佳果，但感冒初期的患者应慎食，否则会加重感冒。

功效

　　西瓜能降暑解渴，还有辅助降压的功效。芹菜含铁量较高，是缺铁性贫血患者的最佳蔬菜。芹菜中含有丰富的钾，对于高血压、血管硬化、神经衰弱患者亦有辅助治疗的作用。

　　此款蔬果汁适合于高血压及高血压高危人群。

08 圆白菜胡萝卜汁

健脾养胃

功效

　　圆白菜有健脾养胃、缓急止痛、解毒消肿、清热利水的作用。

　　胡萝卜含有大量的胡萝卜素，可以增强肠胃蠕动。胡萝卜素在机体内转变为维生素 A，能够增强机体的免疫功能。这款蔬果汁很适合老年人饮用。

材料

圆白菜	2片
胡萝卜	半根
苹果	1个
饮用水	200毫升

功效

做法

❶ 将圆白菜洗净切碎，胡萝卜洗净切成块状；苹果洗净去核切成块状；

❷ 将准备好的圆白菜、胡萝卜和苹果放入榨汁机，加入饮用水榨汁。

营养师提醒：

圆白菜还具有防癌抗癌的功效。

09 番茄西蓝花汁

防癌抗癌

材料

番茄	1 个
西蓝花	2 朵
饮用水	200 毫升

做法

❶ 将西蓝花在沸水中焯一下；

❷ 将番茄表面划几道口子，在沸水中浸泡 10 秒；去掉表皮，并将番茄切成块状；

❸ 将准备好的番茄、西蓝花放入榨汁机，加入饮用水榨汁。

营养师提醒：

挑选西蓝花时，手感越重的，质量越好。

功效

番茄中含有丰富的胡萝卜素、B 族维生素和番茄红素，有防癌、助消化和利尿的功效。

西蓝花中富含的化合物莱菔硫烷被认为是一种具有抗癌作用的物质。

此款蔬果汁具有防癌抗癌的作用。

⑩ 橘子苹果汁

止咳平喘、促进血液循环

功效

橘子味甘酸、性寒，具有润肺清肠、理气化痰、补血健脾等诸多功效，同时在除痰止渴、理气散结等方面也有功效。

苹果可以帮助孕妇和孩子补充维生素 A，维生素 E、维生素 D 和锌元素，它们能降低孩子患哮喘的概率。此外，苹果中的黄酮类化合物也有助于缓解哮喘、支气管炎症等呼吸道疾病。

此款蔬果汁能够促进血液循环、改善哮喘症状。

材料

橘子	半个
苹果	半个
饮用水	200 毫升

功效

做法

❶ 将橘子连皮洗净切成块状；苹果去核切成丁；

❷ 将准备好的苹果、橘子放入榨汁机，加入饮用水榨汁。

营养师提醒：

胃肠、肾、肺功能虚寒者不可多吃，以免诱发腹痛。

莲藕甜椒苹果汁

温中散寒、镇咳祛痰

材料

莲藕	4厘米长
甜椒	1个
苹果	1个
饮用水	200毫升

做法

❶ 将莲藕洗净去皮切成块状；将甜椒洗净去籽，切成块状；将苹果洗净去核切成块状；

❷ 将准备好的苹果、莲藕、甜椒放入榨汁机，加入饮用水榨汁。

营养师提醒：

甜椒的挑选要挑色泽鲜亮的，个头饱满的，4个爪的，口感会更好。

功效

　　莲藕的药用价值相当高，对于哮喘者来说，是理想的食用蔬菜。

　　甜椒有温中散寒、开胃消食等功效。

　　苹果中的黄酮类化合物也有助于缓解哮喘、支气管炎症等呼吸道症状。

⑫ 苹果豆浆汁

保护心血管

功效

　　多喝鲜豆浆可维持正常的营养平衡，全面调节内分泌系统，辅助降低血压、血脂，减轻心血管负担，并有平补肝肾、防癌、增强免疫力等功效，故被称为"心血管保健液"。

　　此款蔬果汁能够清通血脂，有利于降低人体低密度胆固醇含量。

材料

苹果 ·························· 1个
豆浆 ·························· 200毫升

功效

做法

❶ 将苹果洗净去皮去核切成块；
❷ 将准备好的苹果和豆浆一起倒入榨汁机榨汁。

营养师提醒：

豆浆性平偏寒，平素胃痛，饮后有发闷、反胃、嗳气、吞酸的人，脾虚易腹泻、腹胀的人以及夜间尿频、遗精肾亏的人，均不宜饮用豆浆。

⓭ 番石榴芹菜汁

降压消食

材料

番石榴 ———————————————— 1 个
芹菜 ———————————————— 半根
饮用水 ———————————————— 200 毫升

做法

❶ 将番石榴去皮和果瓤，切成块状，芹菜洗净切块状；
❷ 将准备好的番石榴和芹菜放入榨汁机，加入饮用水榨汁。

营养师提醒：

此款蔬果汁适于糖尿病患者。

功效

番石榴含有蛋白质、脂肪、碳水化合物、维生素 A、B族维生素、维生素 C、钙、磷、铁等营养成分，可增加食欲，促进儿童生长发育，对于肥胖症及肠胃不佳之患者而言是最为理想的食用水果。

芹菜具有清热平肌、降压凉血的功效。

⑭ 洋葱蜂蜜汁

预防高血脂

功效

洋葱具有扩张血管、降低血黏度的功效，所以吃洋葱能调理高血脂等疾病。对于患有高血压、糖尿病、高血脂、高胆固醇、动脉硬化、冠心病的老年人而言具有很好的保健作用。

洋葱与蜂蜜搭配还具有预防便秘的作用。

材料

洋葱	半个
蜂蜜	200 毫升

做法

❶ 将洋葱在微波炉加热后切成块状；
❷ 将切好的洋葱和蜂蜜水一起倒入榨汁机榨汁。

营养师提醒：

此款蔬果汁能够抑制脂肪的摄入，预防高血脂。

功效

⑮ 冬瓜苹果蜜汁

清热解暑、消肿利尿

材料

苹果	半个
冬瓜	1片（1厘米长）
饮用水	200 毫升

做法

❶ 将苹果洗净去核切成块状；

❷ 将冬瓜去皮，洗净切成块状；

❸ 将准备好的苹果、冬瓜放入榨汁机，加入饮用水榨汁。

营养师提醒：

选购苹果时一定要选择果皮表面光滑，无黑色斑痕的。

功效

　　冬瓜性寒味甘，具有清热生津、解暑除烦消肿利尿的功效，在夏日服食尤为适宜。冬瓜中所含的丙醇二酸，能有效地抑制糖类转化为脂肪，加之冬瓜本身不含脂肪，热量不低，对于防止人体发胖具有重要作用，还有助于体形健美。

01

鲜葡萄蜜汁

补益大脑、缓解压力

功效

葡萄不仅味美可口，而且营养价值很高。成熟的浆果中含有15%~25%的葡萄糖，以及许多种对人体有益的矿物质和维生素。身体虚弱、营养不良的人，多吃葡萄有助于恢复健康。

柠檬能够清凉身体、镇静或补充能量、消除疲劳、帮助记忆、止血、改善肤色，可调理身体，缓解压力。此款果汁适于学习压力大的学生。

功效

材料

葡萄	6 颗
柠檬	半个
蜂蜜	适量
饮用水	200 毫升

 葡萄

 饮用水

 柠檬

 蜂蜜

做法

① 将葡萄洗净去皮去籽，取出果肉；柠檬洗净切成块状；

② 将葡萄果肉和柠檬放入榨汁机，加入饮用水榨汁；

③ 在榨好的果汁内加入适量的蜂蜜搅匀即可。

营养师提醒：

葡萄是儿童、妇女及体弱贫血者的滋补佳品，但吃多了则易发胖或上火。

02 胡萝卜甜菜根汁

补益大脑、缓解压力

功效

胡萝卜含有能多种微量元素，可增强机体免疫力，抑制癌细胞的生长。胡萝卜中的芥子油和膳食纤维可促进胃肠蠕动，能够促进体内废弃物的排出。

甜菜根富含钙、叶酸、对于血液、中枢神经、免疫系统和骨骼的发育和功能有重要影响。甜菜根还能够防止毒素对肝细胞的损害，可以促进肝气循环，舒缓肝郁。

材料

胡萝卜	1根
甜菜根	半个
饮用水	200毫升

做法

① 将胡萝卜、甜菜根洗净切成块状；

② 将准备好的所有食材放入榨汁机，加入饮用水榨汁。

营养师提醒：

甜菜根的有些许土腥味，加入胡萝卜改善口感。

03 核桃牛奶汁

补充营养，改善睡眠

材料

核桃 ———————————————————— 6 个

牛奶 ———————————————————— 200 毫升

做法

❶ 将核桃去壳取出果肉；

❷ 将核桃果肉放入榨汁机，加入牛奶榨汁。

营养师提醒：

此款果汁能缓解大脑疲劳，改善睡眠质量。

功效

核桃中所含脂肪的主要成分是亚油酸甘油脂，可供给大脑基质的需要。核桃中所含的微量元素锌和锰是脑垂体的重要成分，有健脑益智的作用。

核桃和牛奶属于经典搭配，能够使人体很好吸收养分，保护大脑。

04 苹果胡萝卜蜂蜜饮

集中注意力、改善记忆力

功效

苹果可以调理肠胃、止泻通便，有预防和消除疲劳的功效。

胡萝卜能降低血脂，是高血压、冠心病患者的食疗佳品。

蜂蜜营养价值更高，促进视网膜的发育和提高视觉功能。

材料

胡萝卜	50 克
苹果	1 个
蜂蜜	适量
饮用水	200 毫升

做法

❶ 将苹果洗净去皮去核切成小块；胡萝卜洗净去皮切成小块；

❷ 将准备好的所有食材放入榨汁机，加入饮用水、蜂蜜榨汁。

营养师提醒：

这款果汁富含胡萝卜素、柠檬酸、苹果酸、钙、铁、果胶，能缓解压力过大造成的不良情绪，还有提神醒脑之功，容易疲劳的人，更应经常饮用。

05 草莓菠萝汁

提高记忆力

材料

草莓	6 颗
菠萝	2 片
饮用水	200 毫升

做法

❶ 将草莓去蒂洗净，切成块状；将菠萝洗净切成块状；

❷ 将切好的草莓和菠萝放入榨汁机，加入饮用水榨汁。

营养师提醒：

癌症患者，尤其是鼻咽癌、肺癌、扁桃体癌、喉癌者宜多食草莓。

功效

草莓富含天然类黄酮物质，能刺激大脑信号通路，从而提高记忆力。菠萝能够消食止泻、解暑止渴。菠萝所含的 B 族维生素能防止皮肤干裂，润泽头发。此外，菠萝的香味和酸酸甜甜的味道还可以消除身体的紧张感和增强身体的免疫力。

此款果汁能够促进智力发育，改善记忆力。

06 鳄梨牛奶汁

补充元气、提高记忆力

功效

　　鳄梨含有 β - 胡萝卜素和多种矿物质，牛奶可以补充优良蛋白质，搭配起来可作为补充元气的佳品。

材料

鳄梨	1个
柠檬	少许
鲜奶	200 毫升

做法

① 将鳄梨洗净，对半切开，去核，挖出果肉；
② 将准备好的鳄梨果肉放入榨汁机，加入牛奶榨汁；
③ 在榨好的果汁内加入适量的柠檬搅匀即可。

营养师提醒：

鳄梨富含维他命 E，有助于滋润皮肤，防止干燥。

功效